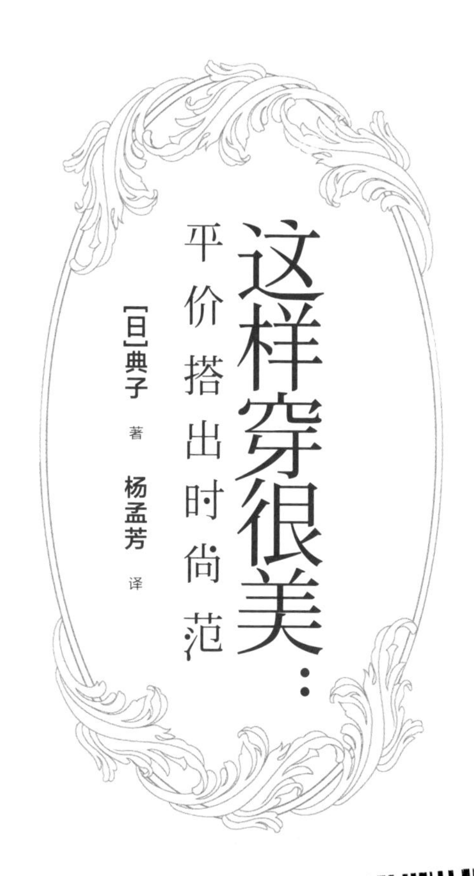

这样穿很美：

平价搭出时尚范

[日]典子 著

杨孟芳 译

江苏凤凰科学技术出版社　凤凰含章

图书在版编目（CIP）数据

这样穿很美：平价搭出时尚范 /（日）典子著；杨孟芳译. -- 南京：江苏凤凰科学技术出版社, 2016.10
ISBN 978-7-5537-7074-1

Ⅰ. ①这… Ⅱ. ①典… ②杨… Ⅲ. ①服饰美学 Ⅳ. ①TS941.11

中国版本图书馆CIP数据核字(2016)第188223号

这样穿很美：平价搭出时尚范

著　　者　[日]典　子
译　　者　杨孟芳
责任编辑　葛　昀
责任监制　曹叶平　方　晨

出版发行　凤凰出版传媒股份有限公司
　　　　　江苏凤凰科学技术出版社
出版社地址　南京市湖南路1号A楼，邮编：210009
出版社网址　http://www.pspress.cn
经　　销　凤凰出版传媒股份有限公司
印　　刷　北京旭丰源印刷技术有限公司

开　　本　880 mm × 1 230 mm　1/32
印　　张　4
字　　数　80 000
版　　次　2016年10月第1版
印　　次　2016年10月第1次印刷

标准书号　ISBN 978-7-5537-7074-1
定　　价　35.00元

作者序
PREFACE

平价服饰也能穿出时尚！

“我爱时尚”，在这个想法下开始写博客已经一年多了，在博客里，我上传每天的穿搭，不时分享一些育儿生活经验。随着读者越来越多，我开始从事“个人造型师”的工作，帮客户寻找适合的衣物，提供穿搭建议。

这次，我把在博客中介绍过的个人平价穿搭方法集结成册，出版了这本书。

以前我总认为“好衣服＝贵衣服”，所以会把薪水存下来买名牌衣服奖励自己，就算有点打肿脸充胖子，也一定要买……

但自从女儿出生以后，我买衣服的原则就逐渐改变了。布料能否放心地接触孩子的肌肤？方不方便哺乳？当衣服被孩子的口水或呕吐物弄脏时，是不是方便清洗？这几点也开始变得重要。

就在那时，时尚圈吹起一股休闲风，它崇尚一种不过分刻意、带有慵懒轻松感的穿搭法。我所看的服装杂志突然出现一堆“平价”“快速时尚”“国民品牌”的字眼，之前没什么兴趣的衣服牌子，也都开始出现在杂志上了。接着，我心中“高价服饰=时尚”的想法，也一点一点地改变。

我以自己一直都很喜欢的风格为基础，结合现在的生活模式，创造出属于我的平价基本穿搭法则。诚然，穿名牌显得美丽时尚。但即使是便宜衣服，只要搭配得宜也能有型！自从我发现这件有趣的事后，我比以前更热衷于穿搭，形成了一套“我的基本穿搭法则”。

在这本书里，我将依照季节介绍我的穿搭法及配色的秘诀等，这其中充满了我个人的技术诀窍。我整理了从事造型师工作时，常被客户问的一些问题，例如修饰体形的方法、高雅与休闲的混搭法。另外，还会介绍在博客获得好评的“一个月全身穿搭计划”及亲子装穿搭等。

希望通过这本书，我能把遇到平价时尚后的兴奋感受，传递给各位读者，与大家一同分享平价穿搭的经验。

目 录
CONTENTS

★书中刊登之衣物全为作者个人衣物，部分已无法于市面上购得。

★书中标示之价格为作者购买时之旧价格。

★以上两点，敬请见谅。

“平价时尚穿搭术”4大关键

Noriko Rule ①
从配色开始，决定穿搭风格

在决定穿衣风格时，配色是不可忽略的关键之一。我所追求的风格，简单来说，是“成熟的简单休闲风”。虽然是休闲风，但并不是很孩子气、很俗的那种，而是自然惬意的高雅风格。整体的感觉，就是将自己原本偏保守的穿搭，与育儿妈妈的生活模式结合而成的穿搭。

我在决定穿搭时，会先从配色开始想，因为我认为整体的色调，可以决定一个人能不能把休闲风穿得高雅时尚。当出现“想把昨天买的灰色上衣拿出来穿”的念头时，我就会开始考虑下半身要配什么色，配件要选什么色。在决定衣服之前，先想配色，万一没有特别想穿的衣服时，“昨天穿黑色，那今天穿褐色好了！”也还是先从色调开始决定穿衣风格。

衣橱里以基本色为主

我的衣橱里放满了黑、灰、褐等基本色的衣服，朴素到让人怀疑衣服的主人是男的。基本色不只和任何色都可以搭，还具有让人看不出是平价服饰的效果，因此是我最喜欢的颜色。

用同色系创造两种自然时尚感

刻意用相同颜色统一全身配色的同色系穿搭，十分具有魅力。我常用的搭法是“渐层穿搭”与“单色调穿搭”。用色较纯粹的穿衣风格，会比使用一堆颜色的穿搭更具不做作的自然感，使人立即就有了“穿搭达人”的感觉！

柔和色是自然感配色的关键

善用灰色、褐色、灰褐色、浅咖啡色及橄榄色等柔和色，可以穿出成熟又自然的感觉。这些常见的颜色，不管和什么颜色搭配都很合适，真的很实用方便。上衣、裤子、裙子及配件等各种单品都要有柔和色的，平常先准备好，在组合穿搭时就不用烦恼。即使同样是褐色针织衫，也要准备深浅两色，用来创造出渐层感。

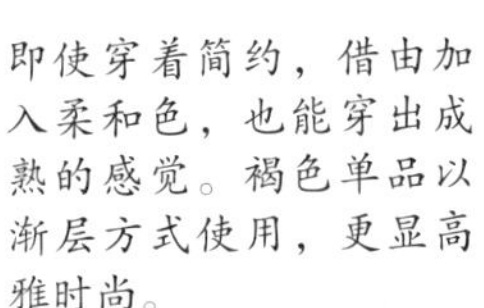

即使穿着简约，借由加入柔和色，也能穿出成熟的感觉。褐色单品以渐层方式使用，更显高雅时尚。

橄榄灰的披巾，可适度地缓和简约黑白色调的对比印象。

重点色要搭配柔和色才有一体感

喜欢基本色的我，有时候也会想穿鲜艳的红色或粉彩色等颜色。这些重点色的单品，很多人可能以为只要搭配白色或黑色就没问题，但其实这有可能使对比效果过于强烈，而不易取得平衡。这时，只要跟柔和色搭在一起，就能让整体呈现出温和高雅的感觉。不喜欢衣服颜色过于鲜艳的人，可以选择丝巾或披肩单品，尽量缩小重点色的面积。

鲜艳的红色，搭配褐色裤子或皮包，就不会太突兀。选用偏红的驼色，会因色调相近，而更有一体感。

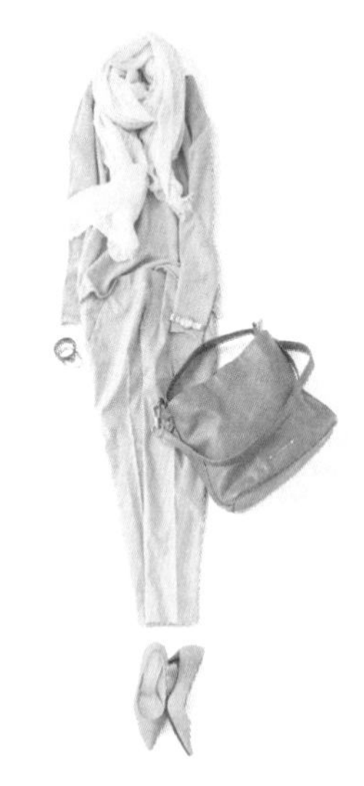

颜色美丽的针织衫，可借由灰色裤子、褐色披巾来增添沉稳感。可用披巾来减少针织衫的露出面积。

包包跟鞋子选相同颜色，保证万无一失

衣服选好了，那包包呢？鞋子呢？你有没有到出门前，才慌慌张张想起这些的经历？这时，只要选择同色的包包跟鞋子，穿搭就能有一体感。我最常使用的，其实还是跟什么颜色都百搭的褐色及灰色。特别是介于灰色和褐色中间的“灰褐色”，更为百搭！因为我常使用柔和色，所以有时也会搭配黑色的鞋子和包包，提升整体的正式感。

用黑色的皮包与帆布鞋，让可爱俏丽的荷叶裙，穿出端庄大方的感觉。

男装风的大衣及牛仔裤，因搭配灰褐色系的皮包与鞋子，而变得温柔典雅。

这样搭让褐色系上衣穿着不显老

常听到40多岁的客人这么说：“去年还在穿的褐色上衣，今年突然就觉得不好看了！”褐色，虽然是跟什么颜色搭配都适合的高雅颜色，但由于跟肤色相近，不仅会显得单调，有时还会看起来老气。这时，只要用咖啡色作为渐层色，选用披肩针织衫、披巾等单品，或是用针织衫内搭衬衫的方式，就能让气色看起来更好。

以咖啡色针织衫衔接，能让脸部轮廓更突出。将具有清新感的条纹T恤披在肩上，效果也很好。

内搭白色衬衫，可让脸部清晰明亮，还能创造整体穿搭的亮点。

Noriko Rule ②

提高平价服饰的档次，“简约基本”是关键

平价单品，靠穿搭技巧提高档次

简约的基本款单品，光是穿着，是穿不出自然时尚感的。但只要简单使用首饰、皮带等配件进行搭配，或是卷起袖子及裤管，看起来就会截然不同。详细的秘诀，后面会再跟大家做说明!

越是单调的单品，越容易穿搭

越觉得自己不擅长搭配的人，衣橱里有设计感的衣服越多。一件单穿就有型的美丽衣服是很棒，但若要跟其他原有的衣服搭在一起，却很困难。就这点来说，有些看似单调的简约单品，反而非常百搭且不会过时。

平价服饰店与其他店

我会在平价服饰店购买简约的素色针织T恤、针织衫、条纹上衣及衬衫等无廉价感且永不过时的基本款服装。实用性高的单品，会每种颜色都买，让穿搭更丰富多变。字母T恤等易显露出便宜感觉的单品以及外套、皮包等材质感很明显的配件，则会在价格稍高的店里，寻找价格合理的商品购买。购物时，我会妥善区分，不会混在一起。

Noriko Rule ③

用穿搭技巧，
让平价服饰更多变

平价服饰光是穿着，很难穿出“潮味”，但只要用点心，也能看起来时尚有型。例如，尝试只将上衣的正面部分扎进裤子，或是将袖子及裤管卷起来，让衣服多点变化，整体穿搭就会产生自然时尚感。另外，将衬衫或针织衫披在肩上、绑在腰上，用配件让颈部及双手更华丽等方法，可展现不做作的时尚美感。

此外，对于非常喜欢休闲且略带点高雅、柔美风格的我来说，男孩风的牛仔裤搭配优雅衬衫及有跟船鞋这样的休闲加时尚的混搭风格，是基本的搭法。直挺衬衫搭配粗针织衫的异材质、多层次混搭散发出来的自然时尚感，我也十分喜爱。

露出手腕的秘诀

只要将衬衫的袖口稍微往上卷，露出纤细的手腕，就能展现自然时尚感与女性魅力。往上卷时的重点，在于要露出衬衫的袖口部分。

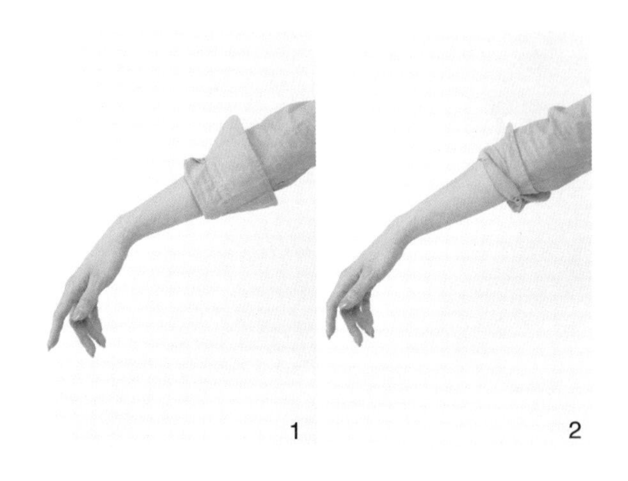

卷袖子

1.将袖口一次往上反折一大段。

2.将反折的部分，随意地往上小幅度卷1～2次。

衬衫外搭针织衫时，将衬衫袖口拉出一半，稍微往上反折。

露出脚踝的秘诀

脚踝跟手腕一样，是全身较纤细、散发女性魅力的部分。将裤管往上卷，露出脚踝，可显得高雅修长。

卷裤管

1.把裤管往上反折一大段，反折的部分再折一次。

2.将外侧的一半稍微折回弄乱，塑造立体感，不用太过整齐，要有点率性。

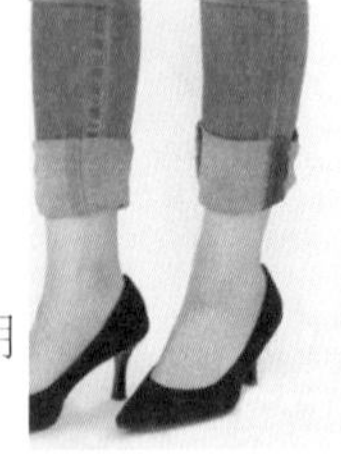

NG

往上卷的长度过长，有时看起来会有点土。

将衬衫、针织衫披在肩上

时尚的穿搭风格里，经常出现披肩。春夏使用防紫外线的开襟外套，秋冬则是粗针织衫，此外我还推荐披在风衣等外套上的搭法。这样具有修饰肩宽的效果，又可以吸引目光，有助于提升整体造型。这种穿搭能让肩膀显得可爱有型，是我超爱的穿衣秘诀。不过，这种穿搭不适合风较大或和孩子一起活动的时候。

随意披在肩上，让袖子自然垂下。

打个有点斜的结，创造独特感。

将开襟外套的钮扣打开，外搭使用也可以。

简单披在风衣等薄外套上。

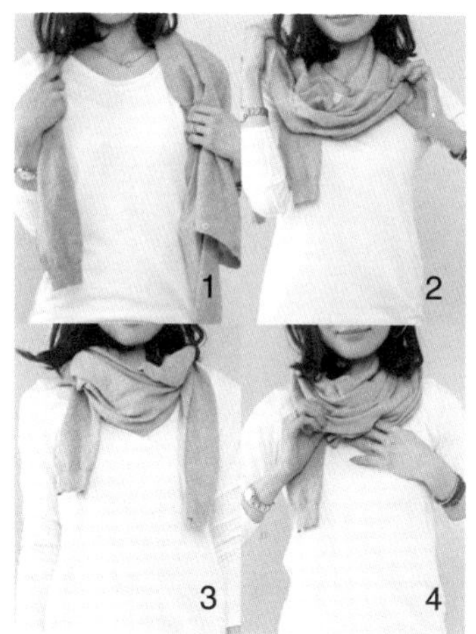

围脖式搭法

1.以一边留分量较多的方式，将衣物挂在颈部。
2.将多余的布料向下推。
3.围绕颈部一圈。
4.将袖子塞进去隐藏。

将衬衫、针织衫绑在腰上

随时可取下作为外套穿着，温度变化大时及防晒用都很方便，跟披肩法一样，兼具时尚度与实用性。

“绑腰法”可在上下半身连接处形成穿搭亮点，同时也是修饰腰部体形的理想方法。

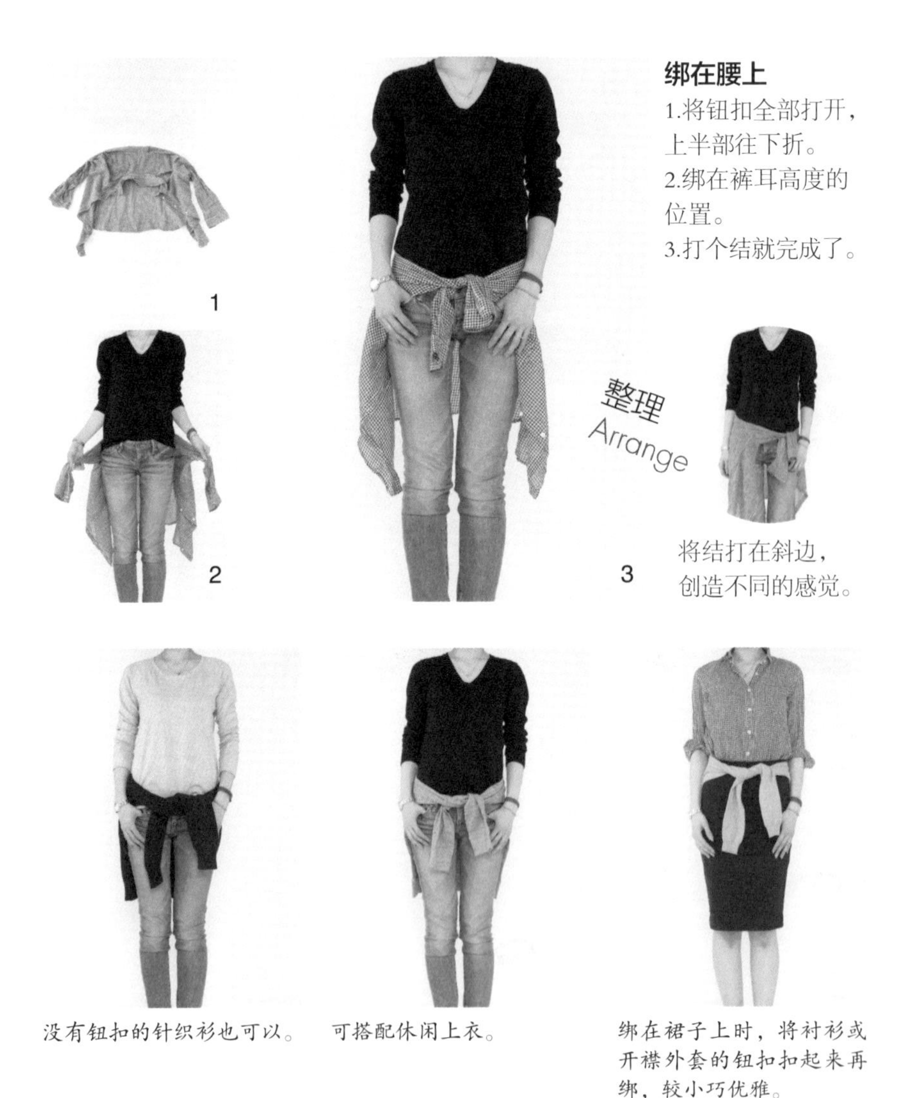

没有钮扣的针织衫也可以。

可搭配休闲上衣。

绑在裙子上时，将衬衫或开襟外套的钮扣扣起来再绑，较小巧优雅。

交叉式变化

当天气变凉时，将披在肩上或绑在腰上的衬衫、开襟外套，以交叉式的穿法穿着，也是我喜欢的风格之一，比一般穿法更能穿出高雅柔美的感觉。

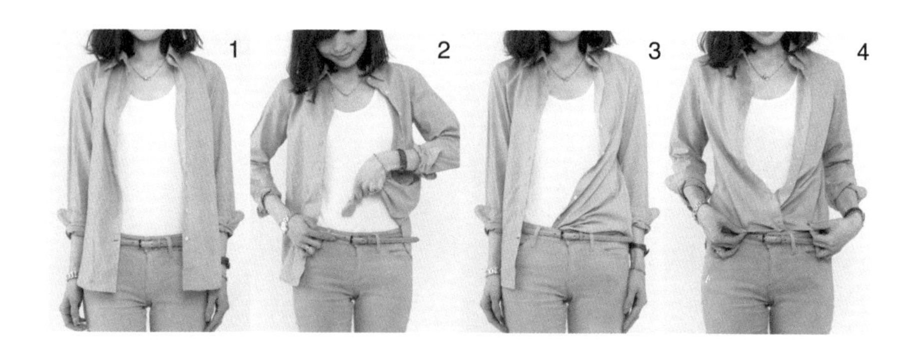

正面交叉

1.打开钮扣，像平常般外搭。
2.将左边的衣襟，扎进图中的位置。
3.不是整片地扎进，要像图2般将衣襟握成一条后，再扎进裤子。
4.将另一边的衣襟也扎进裤子后，调整外形。
5.完成！

NG
小心交叉幅度过大，看起来不够美观……

Noriko Rule ④

不同体形的修饰秘诀

我是属于上半身瘦，但下半身跟脸都肉肉的体形。以前为了突显全身看起来最瘦的上半身，我总是选很合身的上衣来穿。可是，后来我才发现，因为上半身太娇小，反而让大脸跟粗腰看起来更明显，造成全身比例看起来很差的反效果。

后来，我故意选大一号的上衣，留点让身体可以活动的空间，看起来反而比较苗条。买针织衫类的衣服时，选择较宽松款式的话，还可以扎进裤子里来穿，可说是一石二鸟。罗纹坦克背心等需要外面再罩一件的内搭服，推荐长度较长的合身剪裁款式，穿搭上会比较方便。

轻松自在的大一号上衣，看起来比较修长。

NG
感觉合身、尺寸刚好的上衣，会让身体线条原形毕露。

选择略宽松的衣服

跟紧身衣相比，稍微有点宽松感的衣服不会让身体线条原形毕露，所以能让身体看起来修长利落。不能全以“在意部位＝遮盖掩饰”来处理小腹等部位问题，可以用系皮带等方式来转移注意力，如此一来，不仅造型风格提升，穿搭也会更多变。

稍微露出全身最细的部位（手腕、脚踝、锁骨），就能显得纤瘦利落。

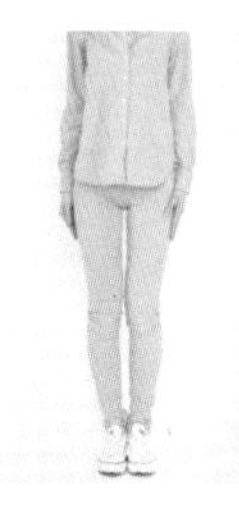

NG
整体看起来很土，也没有惬意感。

卷起衣袖、裤管，衣襟扎进裤子

普通穿法穿着显得笨重的衣服，也会因为改变穿法，而显得苗条修长。可将袖子、裤管往上卷，露出手腕与脚踝，给人纤细利落的印象。衬衫的话，只要将正面的衣襟扎进裤子里，穿搭就会多点变化，产生自然时尚感与显瘦效果。还可以系上皮带，创造穿搭特色。

想让腰围看起来纤细一点

在意小腹和腰围的人，用长上衣或上衣来掩饰，反而会使曲线毕露，让缺点更为显眼。将适度宽松上衣的正面扎进裤子里，再用皮带形成视觉焦点，用披肩单品让上半身比例增加，就能让腰围看起来纤细不少。

NG例子，看起来就像在刻意隐藏粗腰小腹，腰身线条毕露。

将适度宽松的上衣扎进裤子，让体形显得修长，皮带与披肩针织衫是重点。

将衬衫绑在腰部，修饰小腹与腰围，显得纤细利落。

想看起来又高又瘦

说到身高，每个人都想尽可能地看起来高一点，好让全身比例更美。但唯有这一件事，是再怎么运动都无法达成的。不过，只要注意穿搭细节，就很有可能改变身高给人的印象。在此，我将个人的一些方法，分享给大家。

让焦点集中在上半身，想看起来更高的话，将针织衫披在肩上，比绑在腰上有效果。

秋冬季时，可以上下使用同一色，再配上外套，创造修长的I字型线条。

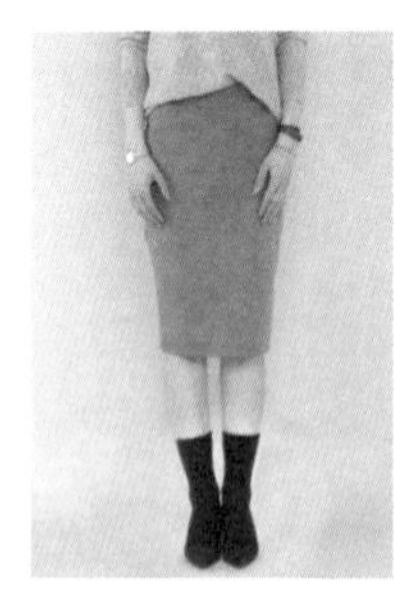

统一裤袜或裤子与鞋子的颜色，创造长腿效果，使用高跟鞋或内增高，效果更佳。

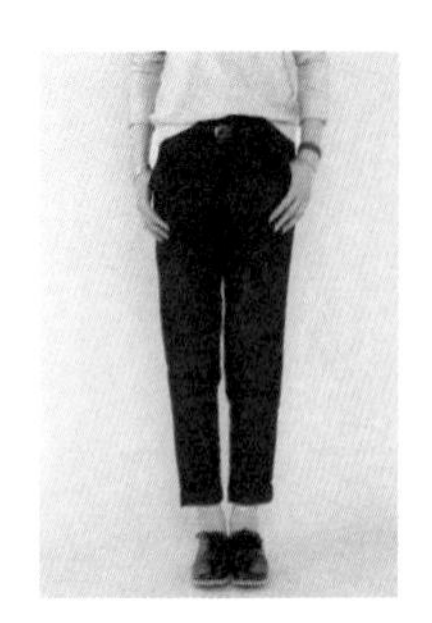

选择老爷鞋及休闲鞋时，要挑选鞋带与鞋体同色的款式。若跟裙子或裤子颜色相同，长腿效果会更好。

在意下半身的人

对臀部及大腿有自卑感的女性应该不在少数。我用自己的方法解决这个令人烦恼的问题。例如，有时会用绑腰风格来修饰，有时会在其他部位创造亮点转移他人的注意力。不管在任何场合，都常常露出手腕、脚踝来塑造惬意感，这是我不变的法则。

将针织衫或衬衫绑在腰部，以时尚技巧修饰缺点。

宽松剪裁的上衣，只将其正面扎进裤子，用皮带创造焦点。

使用披肩单品或披巾让目光集中在上半身。

在意上半身的人

过宽而显得壮硕的肩膀、赘肉造成蝴蝶袖、因胸部丰满而看起来肥胖……，谈起上半身的烦恼，说也说不完。在这里，派上用场的是披肩。另外，衣服的剪裁和领子的样式也很重要。

发挥披肩单品恰到好处的修饰作用，冬天可以用粗针织衫，看起来会更苗条有型。

船形领及落肩领不会突显肩膀线条，看起来纤细利落。

宽松剪裁的上衣，只将正面扎进裤子，让衣服多点变化。

春季

享受成熟风格的粉彩色穿搭

不显平价、美丽时尚的春色衬衫穿搭

主角是跟基本色很搭的浅粉红春色衬衫。为了避免过于甜美，将针织衫披在肩上，减少粉红色的面积，是这次穿搭的重点所在。让多层次穿搭的两件坦克背心，与配件的颜色搭配，呈现自然的时尚感，淡淡的渐层，超惹人喜爱！

衬衫、牛仔裤/ UNIQLO
披肩用的针织衫、白色坦克背心/无印良品
灰色坦克背心/ GAP
皮带/ TOMORROWLAND

ON

外搭针织衫

天气还偏凉的早春，配上不论单穿或内搭衬衫都有型的“百搭粗针织衫”，享受与直挺衬衫的异材质混搭风。

皮包/ YSL圣罗兰
有跟船鞋/ AG by aquagirl

PLUS

外搭风衣

从领口露出的春色衬衫、袖口的反折，让风衣充满女性魅力。只要是不像白衬衫等这类太正式的衬衫都可以。

外套/ BLACK BY MOUSSY
皮包/ GOYARD
有跟船鞋/ AG by aquagirl

率性的牛仔外套与披巾，创造出成熟风穿搭

偏休闲风的牛仔外套，如果搭配高雅的褐色渐层穿搭，也能穿出恰到好处的成熟休闲风。披巾是平价单品，在网络上可买到各种超搭的柔和色披巾，只是简单围着，就能实现自然时尚感穿搭。

牛仔外套/ URBAN RESEARCH 针织T恤/ZARA
坦克背心/ LE JOUR 裤子/ TEANY
披巾/ HAPTIC 皮包/ GOYARD
鞋子/ Shoe Fantasy

MIX

牛仔外套重复穿搭

黑白色调穿搭配上牛仔外套，再搭配罗纹裤管长裤和老爷鞋，呈现中性的感觉。微露出内搭的白衬衫，带来惬意感。

针织T恤、内搭衬衫/ 无印良品
裤子/ MACPHEE
皮包/ GALLARDAGALANTE
鞋子/ DISCOPANGPANG

OFF

脱下牛仔外套

脱下外套，展现褐色渐层穿搭。用对比色的黑色配件加强正式感，或用褐色系配件增添温和感。两种风格，我都很喜爱。

皮包/ YSL圣罗兰
皮鞋/ AmiAmi

柔和色调的上下服饰，加上外套变身帅气利落风格

灰色的薄针织衫搭配粉红色牛仔裤，温柔色调的穿搭，外搭黑色合身外套，增添修长利落的感觉。微露内搭白色坦克背心的小心机，是穿出时尚感的重点所在！

外套/ allureville
针织衫/ 23区
坦克背心/ 无印良品
裤子/ UNIQLO
皮包/ GOYARD
有跟船鞋/ AG by aquagirl

MIX
外套重复穿搭

这款休闲裤采用膝下窄管剪裁，看起来不像家居服，很容易搭配。上半身搭配衬衫也可以。

条纹上衣、裤子/ UNIQLO
皮包/ green label relaxing
休闲鞋/ CONVERSE

亲子穿搭 WITH KIDS

横条纹上衣及外套、鞋子是一样的，但外套颜色与下半身的颜色互换，是穿搭重点。

外套/ UNIQLO
针织上衣、裤袜/无印良品
裙子/ pyupyu
休闲鞋/ CONVERSE

挑战男装风也能散发女人味

军装外套和黑色单品的帅气利落穿搭，混搭珍珠项链、有跟船鞋、白色紧身裤等淑女风单品。有跟船鞋跟高7cm却可以跑步，颜色选择也很多。补货之后马上就销售一空，是热门商品！

军装外套/ GAP　针织衫/无印良品
坦克背心/ NATURAL BEAUTY BASIC
裤子/ TEANY　皮包/ YSL圣罗兰
有跟船鞋/ AmiAmi

MIX

外套重复穿搭

温柔色调的穿搭，搭配帅气利落的外套，很适合与银色系配件一起创造出混搭感，银色跟灰色可用同样的方法搭配，搭配性很高。以同色系连接灰色长裤与有跟船鞋，塑造长腿效果。

针织衫/ 无印良品
裤子/ UNIQLO
皮包/ GALLARDAGALANTE
有跟船鞋/ AG by aquagirl

亲子穿搭
WITH KIDS

军装夹克可卷起来收纳，所以携带很方便。在温差变化大的季节，是出门必备的单品。

夹克、黑色针织T恤/无印良品
灰色针织T恤/ Bee
裤子/ GAP
休闲鞋/ CONVERSE

成熟风格的粉彩色，“烟熏调”是重点

带点灰色的粉彩色，因为可以跟灰色或灰褐色搭配，会让人比较敢穿。色彩鲜明的衣服，更容易暴露档次，因此我不会在平价服饰店购买。里面多层次穿搭用的白衬衫，则不会挑选有光泽感或有装饰的款式，而是选择棉质等休闲材质制成的，穿起来感觉比较清新。

风衣/ BLACK BY MOUSSY 针织衫/ 22 OCTOBRE
针织T恤/ UNIQLO 裤子/ MACPHEE 皮包/ CÉLINE
鞋子/ AG by aquagirl

MIX

其他时候的粉彩色穿搭

烟粉色针织衫，跟水洗感牛仔裤超搭！带点灰色的粉彩色，就连平常只穿基本色的人，也容易搭配，十分推荐！

针织衫/ 22 OCTOBRE
内搭坦克背心/ GAP
裤子/ UNIQLO
皮包/ CÉLINE
休闲鞋/ CONVERSE

MIX

针织衫重复穿搭

搭配白色牛仔裤，穿出清爽简约的感觉。但是粉彩色针织衫与白长裤搭在一起太过柔和，这时可以选择灰色配件、深蓝针织衫披肩来中和整体的穿搭感。

披在肩上的针织衫/ 无印良品
裤子/ TEANY
皮包/ GOYARD
鞋子/ DISCOPANGPANG
皮带/ TOMORROWLAND

甜美浪漫的裙子，以黑色靴子增添帅气感

我最喜爱灰、白、黑配色穿搭。选择平价品牌的话，荷叶裙也可大胆选择易弄脏的白色。用灰色罗纹编织针织衫，搭配黑色皮革单品，降低裙子的柔美浪漫感。

针织衫/ 无印良品
裙子、靴子/ pyupyu
皮包/ YSL圣罗兰

MIX
改搭牛仔裤

水洗感牛仔裤，比单纯的靛蓝色更具有休闲感。使用浅橄榄绿的皮带及褐色皮包等衔接色的配件，提升整体的高雅时尚感。

坦克背心/ 无印良品
牛仔裤/ UNIQLO
休闲鞋/ CONVERSE
皮带/ TOMORROWLAND
皮包/ CÉLINE

亲子穿搭
WITH KIDS

上衣是针织衫，下半身是纱裙，外搭休闲材质无领夹克，穿出相同风格的亲子装。

连衣裙、夹克/ GAP
靴子/ DISCOPANGPANG

百搭的休闲裤，配上皮衣变时尚

将“过于有型”的皮衣，搭配横条纹上衣与休闲裤而成的自在穿搭。只要统一色调，即使是不同的材质也能穿出整体感。窄版和混色针织休闲裤，连腰部的绑绳也显得可爱。可以选择将上衣扎进裤子里。

皮衣/ LE JOUR 横条纹针织T恤/ UNIQLO
裤子/ JUNGLEJUNGLE
皮包/ GALLARDAGALANTE
鞋子/ DISCOPANGPANG

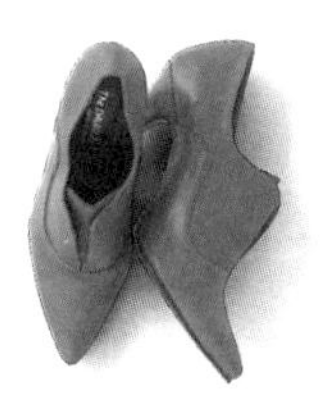

MIX

皮衣重复穿搭

阳刚气息的皮衣夹克，搭配白色的上下装和鞋子，增添柔和的感觉。皮包及丝绸球形项链等灰褐配件，可衔接白色和黑色。

MIX

换件不同色的皮衣

皮衣若选驼色，更能散发女性魅力，搭配马靴变身骑士风。

皮衣/ ANAYI
针织T恤/ BANANA REPUBLIC
皮包/ TEANY
靴子/ pyupyu

针织衫/ UNIQLO
坦克背心/ GAP
裤子/ JUNGLEJUNGLE
皮包/ CÉLINE
鞋子/ DISCOPANGPANG

较难搭配的彩色单品，更要选择平价品牌

散发春天气息的烟粉色，是彩色单品中较容易挑战的。借由搭配基本色，将整体定调为成熟风，还可避免穿搭过于死板。简单披上风衣外出，是春季穿搭的乐趣之一，多层次内搭牛仔外套也可以。

风衣/ BLACK BY MOUSSY
针织T恤、开襟外套/ UNIQLO
坦克背心/ GAP 皮包/ YSL圣罗兰
有跟船鞋/ AG by aquagirl

MIX
其他的穿搭，蓝色针织衫+白色T恤

穿着阔腿裤等流行单品时，其他单品选择简约款，可以提升造型的品味。

针织衫/ UNIQLO
内搭衬衫/ pyupyu
宽裤/ titivate
皮包/ YSL圣罗兰
休闲鞋/ CONVERSE

MIX
重复穿搭

深蓝色会给人稍微沉重的印象，因此，脸部周围要选择明亮色，穿出春天的气息。将休闲风横条纹T恤披在肩上，再搭配珍珠项链、跟鞋及名牌包，打造简约利落的混搭风。

针织衫/ 无印良品
横条纹针织T恤/ UNIQLO
有跟船鞋/ AmiAmi

即使是爱穿裤子的人，穿UNIQLO紧身裙，也觉得舒适好穿

长度刚好遮住膝盖的铅笔裙，能塑造出紧身的I字型线条，给人端庄正式的印象，而且因为弹性绝佳，所以舒适好穿。黑裙配白衬衫会给人要去面试的感觉，因此，我选择深蓝裙配牛津衬衫。

Left

衬衫/ 无印良品
裙子/ UNIQLO
皮包/ GALLARDAGALANTE

Right

上衣 /无印良品
裤子/ MACPHEE
披巾/ HAPTIC
皮包/ YSL圣罗兰
休闲鞋/ CONVERSE

穿出成熟的惬意感，加倍宽松的剪裁

买比平常大2号的针织衫上衣享受Oversize穿搭的乐趣。将正面扎进裤子里，不仅能修饰曲线，还能打造自然的时尚感。

明明是平价穿搭，配上高质感披巾，档次就不一样了！

穿着休闲上衣等休闲感超强的单品，搭配黑白色调的渐层穿搭，也能配出时尚感。可再戴上配件，提升档次。混纺丝绸的披巾，质感柔软，大尺寸看起来并不沉重，造型也很高雅。

休闲上衣、裤子/ UNIQLO
坦克背心/ 无印良品
披巾/ HAPTIC 皮包/ GALLARDAGALANTE
鞋子/ DISCOPANGPANG

MIX

黑色裤子重复穿搭

有时因为工作的关系，所以穿得比较正式。将上衣换成黑色，再外搭件风衣，变成纤瘦曲线的I字型，享受帅气利落的穿搭。

风衣/ BLACK BY MOUSSY
上衣/ 无印良品
皮包/ GOYARD
有跟船鞋/ AG by aquagirl
皮带/ TOMORROWLAND

亲子穿搭 WITH KIDS

同样选择灰、黑、白的配色，变成亲子穿搭，小孩穿比大人更有型，以针织帽来增添可爱感。

连衣裙/ Bee
休闲鞋/ CONVERSE
针织帽/ GLOBAL WORK
牛仔内搭裤/ UNIQLO

大面积的平价披巾是穿搭的主角

雪白色太突兀（且沾到彩妆会很明显），春天穿灰色又太沉重……冰灰色的披巾可一次性解决这些烦恼，是一款实用百搭的万能单品！统一裤管罗纹与老爷鞋的颜色，追求长腿视觉效果。

衬衫/ HAPTIC
裤子/ MACPHEE
披巾/ ZARA
皮包/ green label relaxing
鞋子/ DISCOPANGPANG

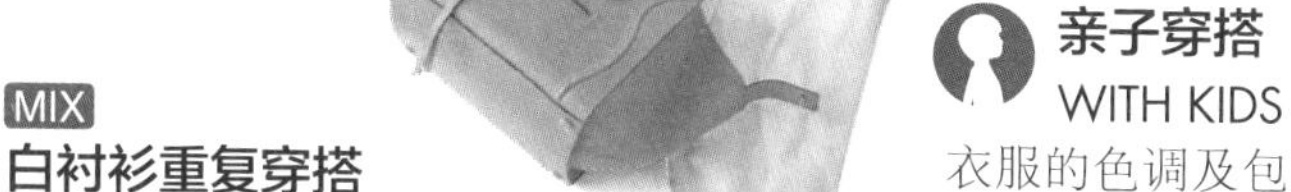

MIX

白衬衫重复穿搭

清爽的白色穿搭，搭配最爱的灰色及灰褐色配件。肩上披的罗纹针织衫是稍偏厚重的款式，即使天气转凉，也能这样就出门。

披在肩上的针织衫/ 无印良品
裤子/ TEANY
皮包/ CÉLINE
有跟船鞋/ AG by aquagirl
皮带/ TOMORROWLAND

亲子穿搭
WITH KIDS

衣服的色调及包包的颜色，都跟妈妈一样，每次披着针织衫时，都会东掉西掉的，但女儿喜欢模仿大人，所以她穿得很开心。

衬衫、针织T恤/ 无印良品
披在肩上的针织衫、裤子/ GAP
后背包/ FJALLRAVEN
休闲鞋/ CONVERSE

轻快的休闲穿搭，以白×白配色变为成熟风

上下全白的穿搭，搭配率性的春季外套。这时配上有跟船鞋、手拿包等充满女性魅力的配件，就变成高雅休闲风格，搭配棒球外套也很可爱。

夹克、皮包/ GALLARDAGALANTE　针织衫/ 无印良品
裤子/ TEANY　有跟船鞋/ Shoe Fantasy
皮带/ TOMORROWLAND

亲子穿搭
WITH KIDS

母女一同选择有春天气息的柠檬色来作为重点色。牛仔外套的做工细节很完美，穿起神气又可爱。

牛仔外套、开襟外套/ UNIQLO
针织T恤、裙子、裤袜/ 无印良品
休闲鞋/ CONVERSE

MIX
夹克重复穿搭

深蓝×灰×白是我的基本色，再配上黄色就很有新鲜感。以黑色配件来完成整体穿搭。

衬衫/ UNIQLO
开襟外套/ 神户KOBE LETTUCE
裤子/ Tiaclasse
披巾/ ZARA
皮包/ YSL圣罗兰
有跟船鞋/ AmiAmi

春天的必备裤装，肯定物超所值！

超人气商品“九分裤”，冰灰色的极细直条纹款十分高雅时尚。这款几乎等同素色，非常实用百搭！整体曲线及腰部线条都很美丽，再以披巾塑造上半身亮点，用烟熏感的浅蓝色统一整体，即使配色稍多，也能有整体感！

针织衫/ 22 OCTOBRE 裤子/ UNIQLO 披巾/ HAPTIC
皮包/ GIVENCHY 鞋子/ AmiAmi

MIX

裤子重复穿搭

上下衣着都很随意，穿着轻松自在，外型却很正式。统一下半身的色调，追求长腿视觉效果。使用的灰色单品多的时候，可选择深浅不同的衣物，避免穿搭过于平淡。

衬衫/UNIQLO
披在肩上的针织衫/无印良品
皮包/ GOYARD
有跟船鞋/ AG by aquagirl

MIX

裤子重复穿搭

蓝配灰的组合极为清爽！白色针织衫为脸部周围增添明亮度，想用冷色调让整体帅气一点，所以配件统一选用黑色。

衬衫/ 无印良品
坦克背心/ NATURAL BEAUTY BASIC
披在肩上的针织衫/ 无印良品
皮包/ YSL圣罗兰
有跟船鞋/ AmiAmi

MIX

白上衣+披巾穿搭

多层次穿搭针织T恤，让宽裤变成主角。即使裤子剪裁宽松，只要材质具垂坠感、长度可露出脚踝，也能散发出女人味。

针织T恤/ pyupyu
内搭衬衫/ UNIQLO
裤子/ titivate 皮包/ GOYARD
有跟船鞋/ AmiAmi
挂在包包上的披巾/ GAP

刻意以觉得难搭的驼色配件为中心，来思考穿搭

原本觉得驼色跟什么都很搭，但后来才发现驼色是个性很强烈的颜色。所以我以驼色为中心来思考穿搭，选平常不太穿的零水洗感牛仔裤、白色针织衫穿出简约时尚，实现自己喜欢的配色。

针织衫/ 无印良品 裤子/ UNIQLO
披巾/ HAPTIC 皮包/ Cartier
鞋子/ DISCOPANGPANG

亲子穿搭 WITH KIDS

男孩风的牛仔裤，搭配衣襟有浪漫细褶的甜美风外套，打造混搭风格。

外套/ GAP 针织T恤/ 无印良品
牛仔裤/ pyupyu
后背包/ FJALLRAVEN
休闲鞋/ new balance
袜子/ 西松屋

格纹衬衫加点小巧思，也能穿出女人味

穿着孩子气的格纹衬衫时，可用黑白色调统一其他配件，或让正面衣襟交叉，也能穿出成熟感。即使是平价单品，只要费点心思，便能变化出多种穿法，乐趣十足，以银色皮带连接上下衣着。

衬衫/Lugnoncure　针织衫/无印良品
坦克背心/ NATURAL BEAUTY BASIC
裤子/ ZARA　皮包/ YSL圣罗兰
有跟船鞋/ AG by aquagirl
皮带/ TOMORROWLAND

亲子穿搭
WITH KIDS

要选择大1号的Oversize格纹衬衫，才能母女一同挑战交叉式，不过两人一起动来动去，造型很快就松开了。

衬衫/ UNIQLO
针织T恤、裤子/ GAP
袜子/ 西松屋

OFF

将衬衫绑在腰上

觉得热时，可以脱下衬衫，纱罗衬衫不易起皱，所以很适合绑在腰上，从而创造穿搭的小亮点。

皮包/ CÉLINE
鞋子/ DISCOPANGPANG

Column ①

用配件提高平价穿搭的档次

鞋子 / Shoes

以前我的鞋柜里，放的都是一千多元的高跟鞋，但经过了怀孕与生产，我买的鞋子跟以前都不同了，现在一双大多不到六百元。

低跟鞋

图片里这些，是我最爱的低跟鞋，走起来轻松自在，但又不像休闲鞋那么随性，穿上去很时尚有型。牛津鞋和乐福鞋具有稍偏中性的感觉，和休闲鞋一样可以作为调调不一样的单品。

〈从后排左边开始〉
黑色翼梢鞋、白色翼梢鞋、黑色乐福鞋、白色乐福鞋/都是DISCOPANGPANG
〈从前排左边开始〉
咖啡色翼梢鞋/DISCOPANGPANG；银色牛津鞋/Netstar
白×黑平底船鞋/ NATURAL BEAUTY BASIC；银色平底船鞋/ AG by aquagirl

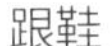

跟鞋

因为女儿会走路了，所以跟鞋也随着复活了！跟高6~7 cm的鞋是主流。在网络上大获好评的AmiAmi的尖头船鞋，不仅一双不到120元，且内附鞋垫非常舒适好穿！因为颜色选择丰富多元，不同颜色图案的鞋子，我竟然买了10双之多。

（从后排左边开始）蟒蛇纹有跟船鞋/ PINKY& DIANNE；褐色有跟船鞋、灰褐色有跟船鞋/ 都是AmiAmi
（从中排左边开始）黑色有跟船鞋/ DIANA；灰色有跟船鞋/ Shoe Fantasy；红色有跟船鞋、豹纹有跟船鞋/ 都是AmiAmi
（从前排左边开始）灰褐色凉鞋、黑色凉鞋/ 都是LANVIN；深蓝有跟船鞋/ AmiAmi

靴子

因为有小孩的关系，常常空不出手来，所以最近都不穿有拉链的靴子了。现在爱穿的靴子，全是做妈妈之后买的、穿脱方便的平价款。我会把长靴拿来当雨靴穿，也是因为便宜才能这样穿。我认为，灰褐色系最实用方便！

（从左上方依顺时针方向）黑色短靴/ pyupyu；灰褐色短靴/ Odette e Odile；黑色长靴、黑色附带扣长靴/ 都是pyupyu；灰色踝靴 / DISCOPANGPANG；黑色短靴/ mellow yellow；黑色雪靴、灰色雪靴/ UGG

休闲鞋&懒人鞋

鞋体和鞋带颜色一致的休闲鞋，可让脚背部分显得清爽利落，且具有长腿效果，所以我很喜欢。懒人鞋也是因为相同理由，同样是我的心头好。我最常穿的是白色帆布鞋（后排右边），超级实用百搭。

（从后排左边开始）深蓝休闲鞋/ new balance；深蓝休闲鞋、白色休闲鞋/都是CONVERSE
（从中排左边开始）蟒蛇纹懒人鞋、豹纹懒人鞋/都是DISCOPANGPANG；黑色休闲鞋/ CONVERSE
（前排）白色凉鞋/ BIRKENSTOCK

袜子 / Socks

冬天穿的裤袜，我喜欢选罗纹材质的厚裤袜。裤袜与袜子，我会分别将基本色与重点色备齐。

袜子穿搭

搭配袜子，可让腿部的时尚感更丰富多变。重点在于穿起来不能孩子气。依下半身衣着→袜子→鞋子，做出渐层就能轻松穿搭！

休闲风的线条袜，选择深灰色的话，就连黑色皮鞋也搭得起来。

鞋子/ DISCOPANGPANG
袜子/ DISCOPANGPANG
袜子/ 靴下屋

以袜子和有跟船鞋做出渐层，微妙的柔和色可搭配同色系的颜色。

有跟船鞋/ AmiAmi
袜子/ 靴下屋

想强调九分裤的可爱，袜子不要选黑色，要选择可跟白色衔接的灰色。

休闲鞋/ CONVERSE
袜子/ 靴下屋

裤袜穿搭

从左到右穿的裤袜是深灰色、深蓝、灰褐色。与其穿黑色，不如选择柔和色带出惬意感，比较不易失败。

只是将黑色变成深灰色，就能穿出自然的时尚感，我特别喜欢暖意十足的罗纹材质。

有跟船鞋/ AmiAmi
裤袜/ 靴下屋

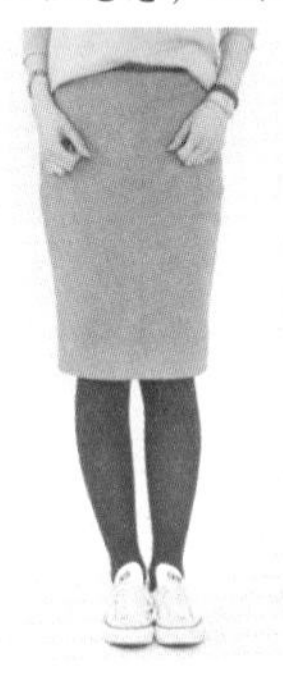

浅色衣服搭配黑色裤袜，立刻会有沉重的感觉，深蓝的话就不会突兀。

休闲鞋/ CONVERSE
裤袜/ 靴下屋

有点难搭的灰褐色，可以跟深蓝和黑配在一起。穿靴子缩小裤袜的露出面积，可以获得理想的搭配效果。

靴子/ pyupyu
裤袜/ 靴下屋

我喜欢有珍珠或宝石的耳环，简约的夹式耳环我也很喜爱。

我超爱手链！爱到几乎没有一天不戴，多重混搭配戴是我的基本法则，思考怎么跟手表搭也很有趣。

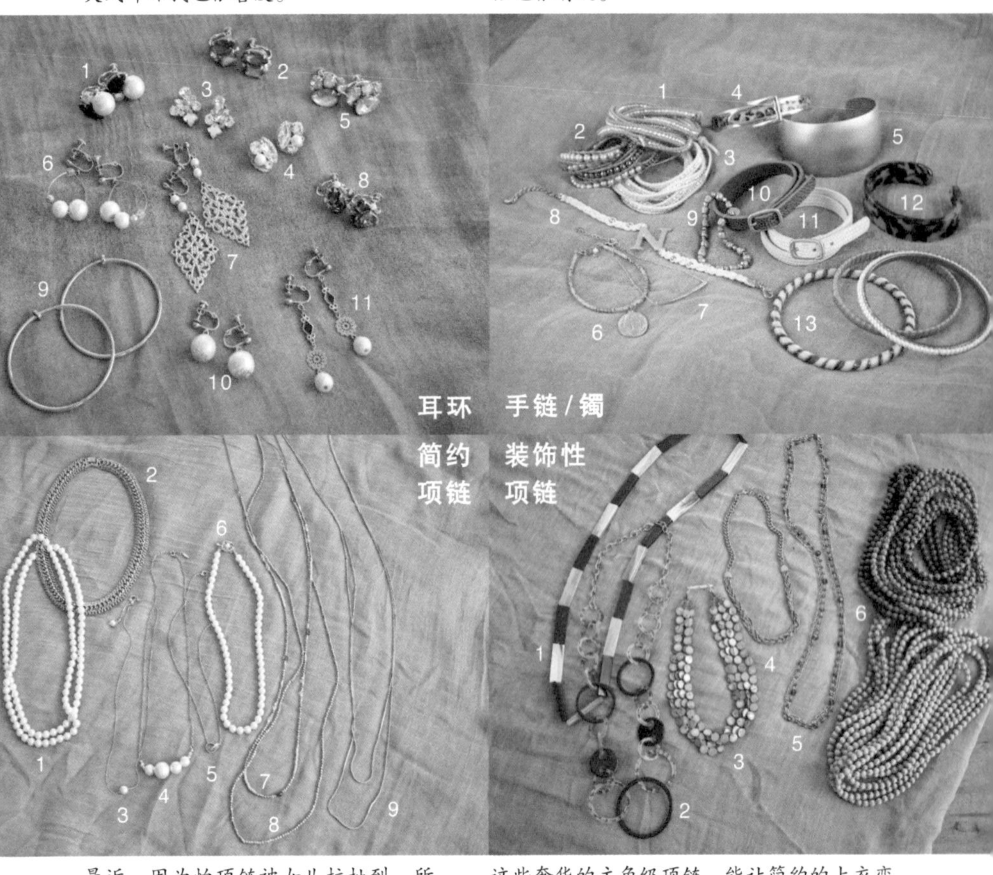

最近，因为怕项链被女儿拉扯到，所以通常都戴短项链。长项链会绕成两圈，把长度弄短后再配戴。

这些奢华的主角级项链，能让简约的上衣变时尚。

首饰 / Accessory

我的穿搭法则是，衣服本身要很简约基本。因此，把简约风格变得华丽的首饰，是十分重要的单品。

［耳环］1、2、4、5、7、8、10、11 ruruplus；9 OSEWAYA；3、6 La Cherie
［手链 / 镯］1、2、3 CHAN LUU；4 La Charie；5、6、9、10、11 JUICY ROCK；7 JEWEL VOX；8 enrich；12 Lujo；13 MICHEL KLEIN
［简约项链］1 DRESSTERIOR；2 KOBE VINGTAINE；3 JEWEL VOX；4 La Cherie；5、6 GIRL；7、8 JUICY ROCK；9 Sweet & Sheep
［装饰性项链］1 Loungedress；2 MOGA；3 theory luxe；4 INED；5 BANANA REPUDIC；6 各色都是HAPTIC

首饰的多重混搭

将细链首饰多重配戴，为白色衬衫增添色彩。

项链/装饰性项链 8；白色缠绕式手链/3；金属珠手链/9；金色手链/7

主角是大表面的手表。跟这款手表很搭的玳瑁手镯，散发稳重感，我很喜欢。

手表/ Daniel Wellington；缠绕成手链的项链/装饰性项链 8；手镯/12；金属珠手链/9；金色手链/7

将白珍珠与白色皮手环配成时尚简约穿搭。手链采取多重配戴的异材质混搭风。

珍珠耳环/10；项链/简约项链 2；皮手环/11；金属珠手链/9；金色手链/7

灰色与土耳其蓝的组合，带来新鲜感。土耳其石手链虽然很细，却很有存在感。

手表/ Cartier；金属珠手链/9；土耳其石手链/6；灰色缠绕式手链/2

灰褐色皮手环与名牌表，衬托白衬衫，成熟稳重。

手表/ Cartier；项链/简约项链 5；皮手环/10；金属珠手链/9；金色手链/7；耳环/6

高雅的珍珠项链与耳环首饰，混搭休闲风帆布手表，增添不一样的随性感。

手表/ Daniel Wellington；金属珠手链/9；珍珠项链/简约项链 6；棉珠耳环/6

披肩 / Stole

不分季节，围巾超级实用方便。除了可享受不同围法的乐趣，还可挂在包包上，让简约风格变得时尚有型，是我最爱的单品。

春夏披巾

不管是丝绸×棉质混纺的“Matta风”毛球披巾，还是丝绸×莫代尔棉的“SARTI名牌风”简约披巾，都可以在网络上以平价购得。我买了很多款不同颜色的披巾，大多是色泽美丽的柔和色。

（挂在椅子上的披巾由左往右）蓝灰、深蓝、灰色、粉红、米白、灰褐色/ 都是HAPTIC；（叠在椅子上的披巾由上往下）灰色、浅灰色/ 都是HAPTIC；斑马纹/ MOGA；白色、粉红/ 都是HAPTIC；深灰色、冰灰色/都是ZARA

冬季披巾

“素色款选高质量100%克什米尔羊毛，图案款买平价品牌”是我的冬季披巾选购法则。基本色的披巾，挑质量好的长久使用；格纹款则是买平价品尽量挑战！但不管是哪一种，我都会选容易使用的大尺寸款式。

（由上往下）褐色、灰色/都是M-PREMIER；黑色/ TOMORROWLAND；蓝格纹、褐色×棕色格纹、豹纹/都是reca；深蓝×绿色格纹/BOSCH；深蓝×红色格纹/无印良品；红色×黑色×蓝色格纹、苏格兰红格纹/都是JUNGLEJUNGLE

缠绕式围法

1.绕颈一圈，将两端垂下。
2.将单边再往上围，尾端于颈部后方由下往上扭转塞入，另一边亦同。

米兰式围法

1.边稍微扭转，边绕颈一圈，将两端垂下。
2.从圆圈内侧将单边稍微拉起形成缝隙，将手伸入缝隙中。
3.用该手抓住另一边的尾端。
4.拉住尾端穿过缝隙，再调整形状。

两端垂挂式

边稍微扭转，边绕颈一圈。不需先将披巾的横边对半折，自然不做作地围绕是重点。

摊开外搭式

如果是大尺寸的披巾，自然地轻松外搭也很好看。

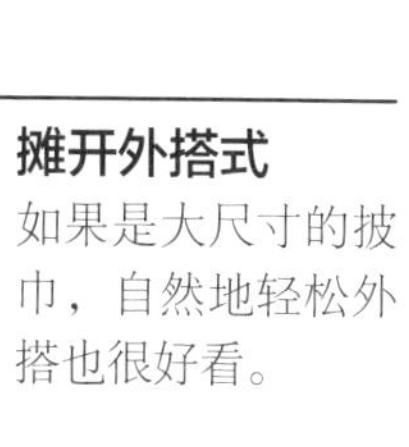

包包 / Bag

包包是要长久使用的单品，所以挑选的方向以精品为主。原则上选择基本色，但自从我为人母以后，由于平价品牌用起来很方便，趣味十足的包包也越来越多。

精品名牌包

照片里的皮包，都是我从很久以前就一直在用的皮包，对每一个都很有感情。因为以前我比较保守，所以几乎都是不会过时的深基本色。其中，GOYARD的托特包容量大、自重轻，东西取放也很方便，非常适合要装很多东西的妈妈。不仅坚固耐用，连雨天也能用，还可挂在婴儿车上，所以生产后也经常使用。

1 GOYARD；2 YSL圣罗兰；3 CÉLINE；4 FENDI；5 YSL圣罗兰；6 GIVENCHY；7 Cartier

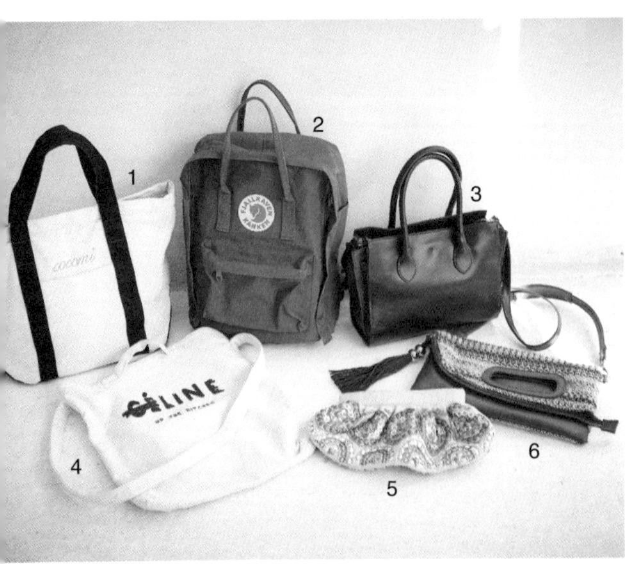

时尚平价包

这些全是女儿出生后才买的。为人母以后，使用容量大又轻的包包的次数压倒性地多。这些包包的共通点是，可以空出双手做别的事。时髦的手拿包因为有附肩带，跟女儿出门时也可以使用。无印良品的托特包上，还绣了女儿的名字。

1 无印良品；2 FJALL RAVEN；3 green label relaxing；4 U-colle；5 MOYNA；6 GALLARDAGALANTE

细皮带可搭配有烫线等的时尚风单品。很实用的素色三款，是一次性大量购买的。豹纹可为穿搭添加一些刺激元素。

豹纹/ TOMORROWLAND；黑、褐、白/ 都是ESTNATION bis

帆布皮带让简约穿搭升级成时髦的成熟休闲风。用高雅的金色线条与皮革设计单品，意外地和各种服饰都百搭。

深蓝、白色/ 都是AMBOISE

这本书中最常出现的，就是各种基本色的压纹皮带。不经意的存在感，让休闲穿搭散发高级感。橄榄绿可成为穿搭亮点，非常实用好搭。

黑色/ Demi-Luxe BEAMS；咖啡色/ ANAYI；橄榄绿、灰褐色、褐色/ TOMORROWLAND

我从以前就很喜欢系皮带。我有很多皮带，其中最好用的是有压纹的细皮带。我经常将上衣扎进裤子，所以皮带对我来说，是一个不可或缺的时尚重点。

褐色压纹皮带和任何颜色都很好搭，是我爱用的单品之一。柔和的色泽与适中的粗细度，能增添女性的柔美感。

坦克背心 / Tank top

对我来说，坦克背心是必备的单品。虽然不会一件单穿，但稍微露出一点，便能自由改变整体穿搭的色彩感，是穿搭的最佳配角。

坦克背心是从胸口、衣襟、肩膀微微露出，就能创造不经意时尚感的必备单品。柔和色和基本色我都各有几件。从材质来说，我喜欢罗纹材质。选择棉质布料等休闲材质的话，看起来清新健康，可给人时尚流行的印象。夏天有时也穿有亮粉、宝石的款式。我常用两件来做多层次穿搭，所以挑选颜色时，有时会用同色系深浅两色，创造出渐层。多层次穿搭时，因为想稍微露出一点，会选择长版款式。

（从左到右）亮片点缀深蓝款、亮片点缀军绿款/都是23区；黑、褐、白/都是无印良品；深灰、深蓝/UNIQLO；灰色深浅混色款/GAP；金属装饰褐色款/manics；深灰色/LE JOUR；亮粉银色款/NATURAL BEAUTY BASIC

手表 / Watch

以前，除了24岁生日买给自己当礼物的Cartier“BALLON BLEU”外，我没有别的手表。现在，我把手表当作时尚配件，享受搭配的乐趣。

我喜欢Daniel Wellington的手表，因为表面大，设计简约又利落。换条表带，就能轻松改变风格，所以我把表当手镯一样开始收集。表带不只是颜色，就连材质也能带来不同的搭配乐趣。

（从左到右）深蓝×白色的帆布款、黑色皮表带款、咖啡色的皮表带款/ 都是Daniel Wellington；银色×金色/ Cartier

配件组合 / Accessory Coordinate

配件可全部统一色调，并随着季节变换风格。这些小配件可说是决定风格的关键，在此介绍4种搭配法。

我最爱的灰褐色配件组。每一件的色调稍微有点不同，可创造绝妙的渐层感，和任何色都百搭！

全黑色配件的风格，在提升浅色系穿搭的正式感时经常出现。不选太大的皮包，并挑选短靴穿着，借此降低黑色的比重。

配件变主角的组合！衣服可选全黑或其他单一色调，用红色及豹纹，让单色调的穿搭魅力四射。

夏天气息的自然感米白色配件组，散发清新爽朗的感觉。皮带选用独特的橄榄绿色，整体展现惬意的时尚感。

夏季

多用沉稳色的配件

最爱清爽配色，以纤细配件展现女性魅力

运用冰蓝色与浅褐色，创造简约利落的休闲风。上衣正面采用交叉式穿法，露出手腕和脚踝，再搭配纤细首饰增添柔美感。不易起皱的棉质纱罗衬衫，是妈妈夏季必备的单品。

衬衫/ HAPTIC
白色坦克背心/ 无印良品
灰色坦克背心/ GAP 裤子/ LE JOUR
皮包/ CÉLINE
皮带/ TOMORROWLAND

ON

将衬衫绑在腰上

这天和女儿一起去公园。只要配件用得巧妙，像这样中性的穿搭，更能突显出女人味。绑在腰上的衬衫，防晒或空调房保暖都实用。

T恤/ UNIQLO
坦克背心/ NATURAL BEAUTY BASIC
裤子、包包/ 无印良品
鞋子/ DISCOPANGPANG

PLUS

衬衫重复穿搭

如果没勇气挑战牛仔风格的穿搭，可试试牛仔衬衫，稍微感受一下。休闲风的帆布皮带，是一大特色。

坦克背心/ NATURAL BEAUTY BASIC
牛仔裤/ BLACK BY MOUSSY
皮包/ YSL圣罗兰
有跟船鞋/ AG by aquagirl
皮带/ AMBOISE

超率性的穿著，也要把握重点，增添高雅感

T恤配勃肯鞋的超休闲穿搭，可凭借配色带出成熟感。不露出大腿线条的裤裙，就连长裤派的我也能行！夏天T恤要避免汗臭味，可挑选剪裁较宽松的款式。内搭的白色T恤，不只在冷气房可保暖，也能创造自然的时尚感。

白色T恤/ UNIQLO
灰色T恤/ 无印良品
裤裙/ Té chichi
凉鞋/ BIRKENSTOCK
披巾/ HAPTIC

MIX
裤裙重复穿搭

换搭衬衫，正面采用交叉穿法，再配上珍珠项链，裤裙也能典雅时尚。

衬衫/ HAPTIC
坦克背心/ NATURAL BEAUTY BASIC
皮包/ CÉLINE
鞋子/ DISCOPANGPANG

MIX
上衣重复穿搭

裤管罗纹增添时尚感。Kanken系列后背包，选择石墨色较易搭配。

裤子/ TOMORROWLAND
后背包/ FJALLRAVEN
鞋子/ AG by aquagirl
挂在背包上的披巾/ HAPTIC

夏天穿咖啡色成熟典雅，首饰也要有夏日气息

不知为何，一到夏天我就想穿咖啡色，跟白色搭配起来非常清爽自然！再点缀以项链，带来夏日气息。适合这种夏装的大件首饰，通常会给人过于休闲的感觉，但搭配咖啡、褐色或灰色的话，也能有成熟的整体感。

上衣/ theory luxe　开襟外套/ Loungedress
裤子/ TEANY　皮包/ GOYARD
鞋子/ NATURAL BEAUTY BASIC

MIX
加入黑色单品

亚麻材质的夏装开襟外套，是夏天的必备单品，空调房保暖或防晒很实用，绑在腰上也好看。为避免变成度假风，配件挑选黑色。

绑在腰上的开襟外套/ 无印良品
皮包/ YSL圣罗兰
有跟船鞋/ DIANA

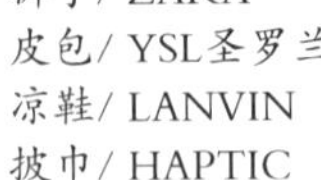

MIX
上衣重复穿搭

与经过破损加工的男装风牛仔裤混搭，下半身偏男孩风，配上有跟凉鞋增添女人味。

裤子/ ZARA
皮包/ YSL圣罗兰
凉鞋/ LANVIN
披巾/ HAPTIC

橘色×褐色，衬托夏日肤色高雅透亮

夏天才会想穿的橘色牛仔裤，和褐色及咖啡色很合，搭配性优异！彩色单品可选择下半身的裙和裤，比较容易驾驭。以褐色统一大件配件，上衣挑选明亮的白色T恤。

T恤/ UNIQLO
坦克背心/ LE JOUR
裤子/ ZARA
披巾/ LAUTREAMONT
皮包/ CÉLINE
有跟船鞋/ PINKY&DIANNE

MIX

T恤&披巾重复穿搭

运用配色和首饰，让休闲穿搭接近时尚风。整体呈现浅色调的穿搭，以暗色系皮包增添正式感，也是重点所在。

坦克背心/ 无印良品
裤子/ LE JOUR
皮包/ GOYARD
休闲鞋/ CONVERSE

亲子穿搭 WITH KIDS

与妈妈的裤子相配的珊瑚橘色开襟外套，搭配小女孩才能穿的蛋糕裤裙，打造甜美可爱风！

针织T恤/ 无印良品
开襟外套/ GAP
裤裙/ gelato pique
休闲鞋/ new balance
袜子/ 西松屋

让硬式水洗牛仔裤穿起来高雅时尚

灰色刷白的牛仔裤，给人一种物超所值的高级感！这款紧身裤具有特级弹性，所以穿着感轻松自在。简单外搭白衬衫，配件统一选择柔和色，打造时尚有型的成熟休闲风！

衬衫/ 无印良品
坦克背心/ LE JOUR 牛仔裤/ UNIQLO
皮包/ CÉLINE 有跟船鞋/ PINKY&DIANNE
挂在皮包上的披巾/ HAPTIC
皮带/ TOMORROWLAND

MIX

裤子重复穿搭

蓝色和浅灰色非常搭。休闲鞋搭牛仔裤的自在穿搭，运用配件和配色，让整体散发成熟魅力。

衬衫、白色坦克背心/ 无印良品
银色坦克背心/ NATURAL BEAUTY BASIC
休闲鞋/ CONVERSE
挂在皮包上的披巾/ HAPTIC
皮带/ TOMORROWLAND

亲子穿搭
WITH KIDS

白×灰×粉红的配色。女儿的穿搭重点在飘逸的连衣裙，为了突显连衣裙的可爱，其他单品尽量简单。

连衣裙/ GAP
针织T恤/ 无印良品
内搭裤、凉鞋/ GAP

最爱的夏日军绿色搭配白长裤，清爽利落

军绿色若选择针织衫等较重的材质，就会显得笨重严肃，因此对我来说，军绿色是夏天的颜色。这件衬衫材质具有垂坠感，穿起来高雅有型，我很喜欢。虽然是长袖款，但看起来很凉爽，时尚风或休闲风都百搭，令我爱不释手。配件想选大地色，所以挑了褐色。

衬衫/ HAPTIC　冰灰色坦克背心/ manics
灰褐色坦克背心/ LE JOUR　裤子/ TEANY
皮包/ YSL圣罗兰　凉鞋/ LANVIN

MIX

上衣重复穿搭

牛仔短裤若选蓝色，感觉会太过休闲，所以还是选了白色，既然要露腿，就得露得成熟时尚一点。

短裤/ Loungedress

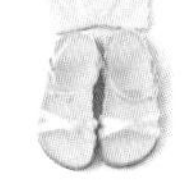

亲子穿搭 WITH KIDS

连衣裙选跟妈妈一样的军绿色配白色。内搭的甜美蓬蓬袖上衣，设计得比大人还有型，单穿或内搭都很可爱。

连衣裙、内搭裤、凉鞋/ GAP
针织T恤/ GLOBAL WORK

散发高级感的色彩穿搭，关键在于裤装的款式

我很喜欢深蓝×黑的高雅穿搭。细条纹长裤可穿出成熟时尚的感觉，有图案的裤子易给人廉价的印象，但细条纹裤子图案不明显，且具有高雅感，是物超所值的款式。

衬衫/ Loungedress
坦克背心/ 无印良品　裤子/ GU
皮包/ MOYNA　鞋子/ DISCOPANGPANG

MIX

衬衫重复穿搭

散发女人味的垂坠感衬衫，搭配银色有亮粉的坦克背心，增添清爽时尚感。休闲背包与凉鞋的穿搭，超适合陪孩子四处走动。

坦克背心/ GAP
裤子/ TEANY
后背包/ FJALLRAVEN
凉鞋/ BIRKENSTOCK

亲子穿搭 WITH KIDS

这件上衣尺寸太大，拿来当作长上衣穿。夏天衣服没有袖长的问题，有时会买较大尺寸。

无袖上衣/ GLOBAL WORK
内搭裤、凉鞋/ GAP
后背包/ / FJALLRAVEN

夏日的成熟风背带裤，显得清爽透风，又带点可爱

背带裤我选择适合年轻妈妈、高雅温柔的深蓝，而不是时髦有型的黑色。内搭的棉麻混纺T恤，柔软轻薄、干爽舒适，适度的透肤感美丽时尚，还可跟坦克背心多层次穿搭，宽松凉爽、十分可爱。

背带裤/ IENA T恤/ UNIQLO
坦克背心/ LE JOUR 皮包/ YSL圣罗兰
鞋子/ DISCOPANGPANG

MIX

背带裤重复穿搭

内搭横条纹上衣。选跟背带裤同色系的条纹上衣，就不会过于休闲，也能有一体感。银色系的单品，为穿搭增添华丽感。

披在肩上的开襟外套/ UNIQLO
横条纹上衣/ UNIQLO
皮包/ GALLARDAGALANTE
有跟船鞋/ AG by aquagirl

亲子穿搭
WITH KIDS

母女一同穿背带裤。背带可随孩子成长调整长度，可穿很久，实用度高。

背带裤/ GLOBAL WORK
针织T恤/ GLOBAL WORK
凉鞋/ GAP

选择看起来时尚的图案元素，为穿搭增添新鲜感

以迷彩及膝裙为主角的搭配。图案单品常给人难搭的印象，但其他单品只要选择图案里有的颜色，就不会显得突兀，有一体感。另外，与其选择图案很鲜明的款式，不如挑选暗色系的稳重配色款，才不会给人俗气的印象！

T恤/ 无印良品 披在肩上的开襟外套/ UNIQLO
裙子/ JUNGLEJUNGLE 皮包/ CÉLINE
鞋子/ DISCOPANGPANG 皮带/ TOMORROWLAND

MIX

裙子重复穿搭

以沉稳时尚的配色统一整体，灰与黑的单色调，提高迷彩服的正式感。但如果是裤子，就会看起来像军装，要特别注意！

T恤、坦克背心/ 无印良品
皮包/ YSL圣罗兰
凉鞋/ LANVIN
披巾/ HAPTIC

MIX

裙子重复穿搭

将披在肩上的开襟外套，扣起钮扣拿来当上衣穿，穿出高雅时尚。针织衫的明亮白色，皮包、鞋子、首饰等的闪亮感，为迷彩裙增添高级感。

皮包/ MOYNA
有跟船鞋/ AG by aquagirl
皮带/ TOMORROWLAND

让字母T恤显得不幼稚的下半身穿搭术

以灰色为基本色、版型纤细利落的字母T恤比较容易搭配。以剪裁略为宽松的细条纹窄版裙穿出合身修长的穿搭。尖头平底鞋虽然不是高跟，但看起来时尚美丽，实用性高。

T恤/ HARAJUKUII 裙子/GALLARDAGALANTE
挂在包包上的开襟外套/ UNIQLO
皮包/ YSL圣罗兰 有跟船鞋/ AG by aquagirl

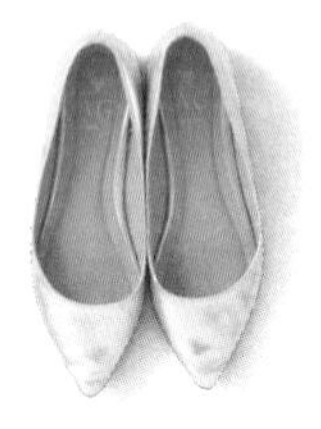

亲子穿搭
WITH KIDS

跟妈妈一样，上面灰色下配条纹。连身裤不会露出腹部，即使孩子好动，也不担心着凉。

连身衣、凉鞋/ GAP
裤子/ 西松屋
后背包/ 无印良品

MIX
其他的裙子穿搭

看起来很像上班套装的黑裙，与字母T恤、袜子和休闲鞋混搭，变身成休闲穿搭。袜子的穿搭法则，只要选跟鞋子同色系就没错。

T恤/ ZARA 裙子/ UNIQLO
皮包/ YSL圣罗兰
休闲鞋/ CONVERSE
挂在皮包上的披巾/ HAPTIC

咖啡×粉红的不死板穿搭

我喜欢牛仔裤甜美可爱的颜色，这与适度破损的男装风剪裁形成绝妙的反差。略高腰的设计，很适合常需要蹲下的妈妈穿着。上衣可以选择珊瑚橘和咖啡色、褐色等稳重的颜色。

咖啡色坦克背心/ LE JOUR
灰褐色的坦克背心/ manics
牛仔裤、披巾/ HAPTIC
皮包/ CÉLINE 凉鞋/ LANVIN

MIX

上衣重复穿搭

裤子挑选同色系穿着，形成褐色渐层穿搭。皮包和有跟船鞋，选择黑色创造亮点。内搭的坦克背心别忘了要微微露出。

裤子/ LE JOUR
皮包/ YSL圣罗兰
有跟船鞋/ DIANA

亲子穿搭
WITH KIDS

和妈妈一样走褐色渐层穿搭风，V领衬衫是打折时买的，非常划算。我很喜欢这件的颜色，穿起来比大人还有型。

V领衬衫、内搭T恤/ 无印良品
裙子/ pyupyu
凉鞋/ GAP

花俏的图案单品，沉稳风搭配带来新鲜感

秘诀跟彩色单品一样，选择裤或裙的话，比较容易驾驭。以军绿色为底的植物图案裤，白色面积很大，所以容易搭配。黑色提升浅色调的正式感，灰色的坦克背心和披巾，巧妙连接黑色上衣与图案裤。

T恤/ JAMES PERSE　坦克背心/ UNIQLO
裤子/ Spick and Span
凉鞋/ LANVIN　挂在皮包上的披巾/ HAPTIC

亲子穿搭
WITH KIDS

跟妈妈一样穿图案裤，搭配蛋糕上衣，穿出甜美可爱感，是固定搭法。

蛋糕上衣、袜子/ 西松屋
短裤/ GAP
后背包/ FJALLRAVEN
休闲鞋/ new balance

MIX

裤子重复穿搭

军绿与白交织的图案裤，和咖啡色的搭配度也很高，以褐色衔接上衣与裤子，从领口与衣摆微露出白色，为穿搭增添亮点。

T恤/ UNIQLO
坦克背心、绑在腰上的开襟外套/ 无印良品
皮包/ GOYARD
凉鞋/ LANVIN

MIX

白衬衫重复穿搭 1

细条纹有烫线设计的直挺美型裤裙，运用烟熏色调配件，打造帅气有型的形象。

浅灰色坦克背心/ GAP
深灰色坦克背心/ UNIQLO
裤裙/ Té chichi
披巾/ HAPTIC
皮包/ GALLARDAGALANTE
凉鞋/ BIRKENSTOCK

MIX

白衬衫重复穿搭 2

最爱的咖啡×褐×白的配色，选择卡其铅笔裙，展现适度的休闲风格。

坦克背心/ GAP 皮包/ GOYARD
裙子/ UNIQLO 凉鞋/ LANVIN

简约却不失女人味，是我的一贯风格

我从前就很爱白衬衫×牛仔裤的基本简约穿搭，还要用褐色配件增添女人味。衬衫内搭的坦克背心，选用有机棉罗纹布料款式，耐洗不变形，肤触柔软舒适，是隐藏版的穿搭逸品！

衬衫/ HAPTIC
坦克背心、披在肩上的针织衫/ 无印良品
裤子/ BLACK BY MOUSSY 皮包/ CÉLINE
皮带/ TOMORROWLAND

时尚的丝绸衬衫穿搭，用彩色裤增添活泼感

以高级材质制成的衬衫，散发出时尚简约的高雅气质，搭配薄荷绿的彩色裤，增添休闲感。披巾及项链都选用略带绿色的柔和色，恰到好处地配成对。皮包和凉鞋则选用黑色，让穿搭稍微帅气利落一点。

衬衫/ BANANA REPUBLIC　坦克背心/ GAP
裤子/ Loungedress　皮包/ YSL圣罗兰
凉鞋/ LANVIN　披巾/ HAPTIC

MIX

换穿不同色的丝绸衬衫

从头到脚都选用浅色调，十分具有新鲜感！年轻妈妈爱用的布包和勃肯鞋，为丝绸衬衫与高雅配色，增添休闲气息。

衬衫/ BANANA REPUBLIC
坦克背心/ Loungedress
裤子/ TEANY
皮包/ MOYNA
环保袋/ U-colle
凉鞋/ BIRKENSTOCK

OFF

换穿不同色的丝绸衬衫

看似花俏、略带粉红的橘色长裤，散发迷人女性魅力，是我很爱穿的单品。橘色裤的休闲感，与衬衫的高雅感，呈现绝妙的平衡。

衬衫/ BANANA REPUBLIC
坦克背心/ Loungedress
裤子/ZARA 皮包/ MOYNA
凉鞋/ LANVIN

我的基本风格，用配件让简约穿搭变有型

以柔和色披巾与帅气的手拿包装点平淡的黑白色调穿搭。还可以运用“有机棉圆领T恤”，这种T恤布料强韧，洗涤后不易变形，领口幅度绝佳，形状剪裁也很美，我喜欢穿宽松一点，所以我都买大一号的。

上衣/ 无印良品　裤子/ TEANY　皮包/ GALLARDAGALANTE
凉鞋/ LANVIN　披巾/ HAPTIC　皮带/ TOMORROWLAND

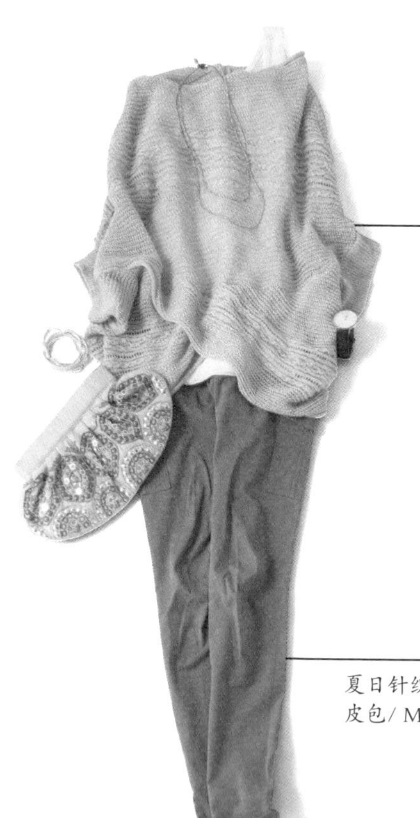

万能的开襟外套与工作裤的大地色配色

这种夏日针织衫背面有钮扣，所以可当作开襟外套穿着。不只是正、背面，连上下也可倒着穿，是一件万能单品。工作裤很适合成熟女性的身形，带来绝佳舒适穿着感。穿上最喜爱的褐色针织衫×军绿色裤子，连心情都变好了。

夏日针织衫/ Loungedress　坦克背心、裤子/ 无印良品
皮包/ MOYNA　凉鞋/ BIRKENSTOCK

MIX

工作裤重复穿搭

中性配色的日子，要靠露3点（腕、脚踝、肩颈）和穿凉鞋来创造惬意感。坦克背心与项链色调配成对，成就散发女人味的中性帅气穿搭。

衬衫/ 无印良品
坦克背心/ UNIQLO
皮包/ YSL圣罗兰
凉鞋/ LANVIN
皮带/ ESTNATION bis

亲子穿搭
WITH KIDS

一起挑战帅气配色的亲子穿搭，甜美的开襟外套与男孩风单品混搭。开襟外套是防紫外线材质，不用担心晒黑。

开襟外套、黑色T恤、短裤、袜子/ GAP
灰色T恤/ GLOBAL WORK
休闲鞋/ CONVERSE

Column ②

一个月全身穿搭计划

春夏篇

从我现有的上装和下装中，选出16件最百搭的单品，挑战一个月重复穿搭！

※鞋子、包包、披巾等配件不受此限。

T恤、无袖上衣

挑选基本色单品时，要让材质感与尺寸尽可能地丰富多元。白色跟灰褐色的比马棉（Supima Cotton）T恤，具备适度宽松的剪裁和垂坠的材质感，是很百搭的单品。必备的横条纹T恤，我挑了U领和窄版剪裁的款式。黑色的无袖上衣，选来当作时尚风单品使用。

外搭单品

要挑选跟裤子和裙子同色的款式，才能穿出渐层色穿搭。另外，我还挑选了重点色单品。开襟外套不只可外搭，还可披在肩上、绑在腰上，是用途很广的单品。为了让剪裁、尺寸更多样化，连帽外套、粗针织衫等单品也要准备，这样就能让多层次穿搭更时尚多变。

衬衫

选了两件质感与颜色不同的款式。亚麻衬衫选择浅紫色款当作成熟风的重点色单品，不仅和基本色很合，还可塑造温柔的女性风格。细条纹衬衫则挑选超级百搭的蓝色作为时尚风的单品穿着，为穿搭增添高雅、时尚感。

外套

时尚风外套刻意不选黑色，挑选深灰色较百搭。可适度缓和正式的感觉，跟休闲风单品搭配度很高，与重点色也很搭。

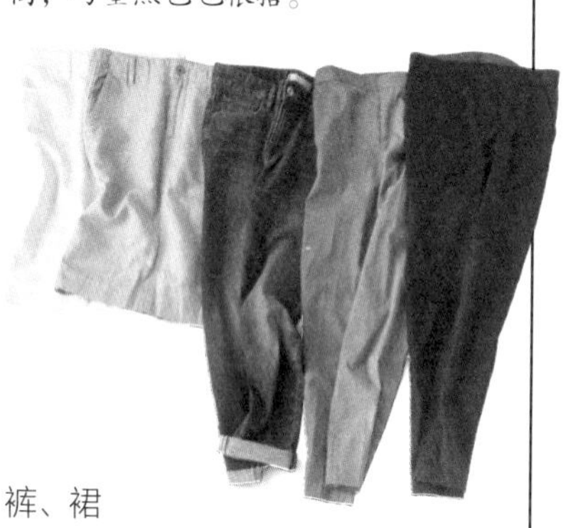

裤、裙

白、褐、灰、黑及牛仔，只要把这些基本色备齐全，就能变化无穷。膝裙、九分裤露出脚踝，穿出春夏的清爽气息。

START!

第1天

老公这天休假，全家一同外出，还稍微有点冷的早春，以色调清爽的多层次穿搭出门去。

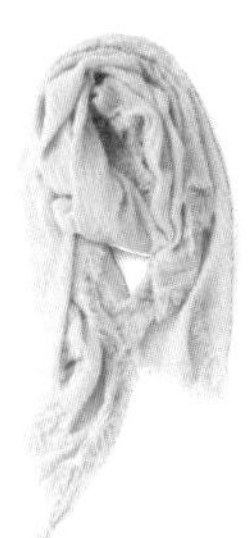

披巾

披巾不选重点色，要选择柔和色来点缀穿搭。冰灰色围巾和我常用的白色或灰色单品，都可以变成有型的渐层穿搭，可说是万能的百搭色。

鞋子

为了可跟皮包搭配，选择白、黑、灰色系。时尚风、休闲风、运动风……各种不同风格的单品都要入手。

包包

选择容易搭配的黑、灰褐、白等颜色。尽量挑选大小不同的款式，以免配起来感觉都一样。

Spring/Summer

Days 2-11

第2天

以最爱的深蓝配褐色的组合，穿出春天的气息。披在肩上的横条纹让脸部显得明亮，穿上裙子脚步也变轻快了。

第3天

直挺的西装外套混搭连帽外套与休闲鞋，自在穿法开会去。以灰色渐层穿出雅致的成熟休闲风。

第7天

这天和家里人一同外出，横条纹T恤×连帽外套×开襟外套的多层次穿搭，以灰和白统一整体色调。

第8天

休闲风穿搭，只要增加白色的面积，就能增添女性柔美感，衬衫与连帽外套的多层次穿搭，改变色调就能带来新鲜感。

第9天

今天是工作日！外套不是黑色，而是深灰色的，不会给人太多距离感，也具有整体感。

第4天

休闲单品穿搭，以多层次带出自然的时尚感，运用灰色系开襟外套与休闲鞋，将配色统一成沉稳风格。

第5天

严肃正式的外套，也可用开襟外套的披肩造型，而使其变得柔和。内搭的上下黑色衣着，形成I字型曲线，让身材显得更好。

第6天

细条纹衬衫×裙子，端庄感十足的妈妈模样，幼儿园入学参观的日子，可以选择正式点的配件。

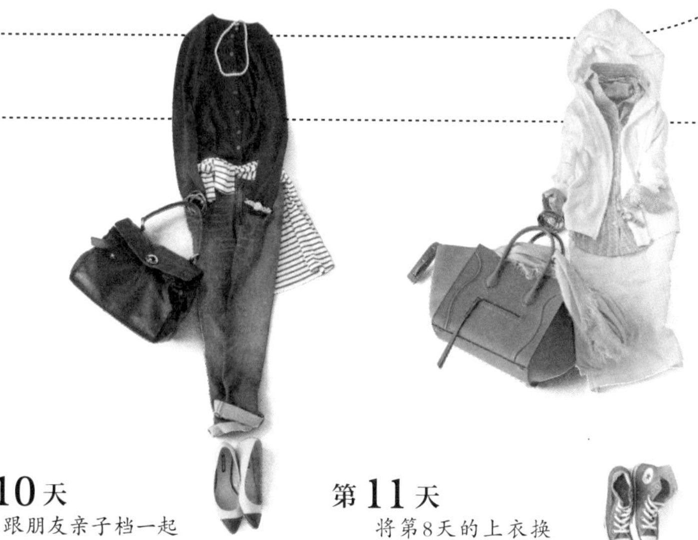

第10天

跟朋友亲子档一起去亲子馆，简单扣上钮扣，深蓝开襟外套就变成上衣，超喜欢牛仔×时尚配件的组合！

第11天

将第8天的上衣换成这件，只是变成细条纹衬衫，整体印象就大不同，全身的灰色系单品是重点。

第12天

以灰色搭配重点色，是我的基本风格。将衬衫正面交叉，并搭配配件，让时尚感飙升。

第13天

将第11天的裙子换成这件。如果鞋子改穿有跟船鞋，就变成时尚的连帽外套风格，非常可爱有型！

第17天

这天跟女儿一起快乐地去公园野餐。初夏外出，外搭单品是必备的，将开襟外套披在肩上，不仅可以创造自然的时尚感，温差变化大时也很方便。

第18天

以灰色或灰褐色配件为全体明亮色彩的穿搭增添时尚稳重感，这天带女儿跟姐姐一同外出。

第19天

衬衫×烫线长裤的高雅穿搭，加上休闲鞋显得混搭感十足，让内搭背心与休闲鞋的色调一致。

第14天

跟女儿一起去公园玩时，要穿防紫外线的开襟外套，彻底做好防晒。从衣襟微露出内搭白T恤，是穿搭的小技巧。

第15天

将第4天的内搭换成衬衫，衬衫×粗针织开襟外套，是我很爱的组合。整体走蓝灰色系，展现帅气利落。

第16天

柔美的颜色搭配我最爱的灰色。把开襟外套披在肩上，增加上半身的分量感，如此一来，平底鞋也能有长腿效果。

第20天

第二次去参观幼儿园，穿得“太有型”会不好意思，改以西装跟横条纹上衣走低调路线……

第21天

这天，先带小孩跟亲友吃饭，然后去买夏天的衣服。这套基本色并且好穿脱的搭配，穿起来轻松方便。

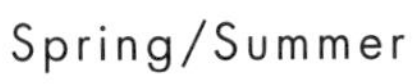

Spring/Summer

Days 22-31

第22天

这天跟客户一起去购物。将亚麻衬衫正面交叉，时尚风穿搭×休闲鞋，活动方便。

第23天

今天是全家外出的家庭日，横条纹×白色，再搭上灰色，创造清爽利落的穿搭，黑色的配件运用是穿搭重点。

第27天

沉稳时尚的黑色×褐色，是我超喜欢的配色。简约穿搭可用配件带来变化，大大的手镯是时尚亮点。

第28天

跟学生时代的好友聚会！以配件和单色调穿搭，让轻松凉爽的T恤穿出成熟感。

第29天

将同色的无袖上衣与九分裤搭在一起，变为连体裤风格。把上衣正面扎进裤子里。

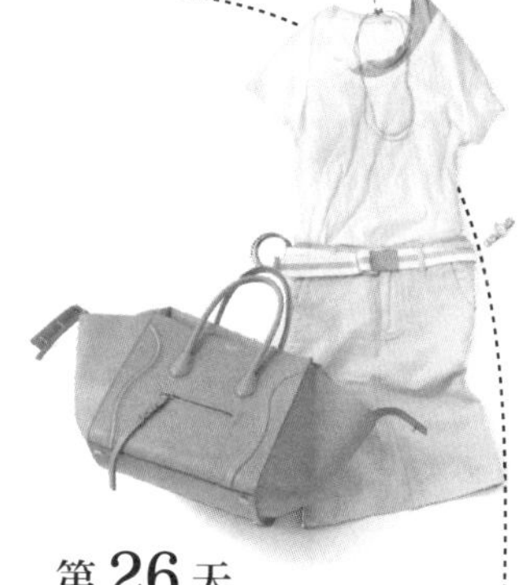

第24天

T恤×牛仔裤的穿搭，用薰衣草色的亚麻衬衫，变化出不死板的穿搭。

第25天

以宽松牛仔裤×华丽配件的风格，参加家附近的夏日庆典。将看烟火时用来挡蚊虫的连帽外套绑在腰上。

第26天

跟女儿一同散步去附近的咖啡店。我喜欢白色×浅褐色的清爽配色。天气热时选择适度宽松的T恤跟裙子，才能凉爽自在。

第30天

一整天，跟女儿悠哉悠哉……傍晚一起去超市。想偷懒时选黑色裤子，就能又轻松又时尚。

第31天

以蓝色统一整体，让牛仔裤也能穿出成熟感！如果怕太过休闲，选择衬衫是最好的方法！

秋季

善用有深度的秋色系

最喜欢衬衫×针织衫，异材质混搭风

蓝×灰×白的清爽配色，我喜欢如此温柔，却不会太甜美的感觉。选择开襟外套，要长度适中，质地优良！衣襟罗纹加长，网眼大小很自然，也没有钮扣等多余装饰，创造出永不过时的款式，充满了文青的气息。

衬衫、开襟外套/ 无印良品 裤子/ TEANY
皮包/ GALLARDAGALANTE 有跟船鞋/ AmiAmi
皮带/ Demi-Luxe BEAMS

亲子穿搭 WITH KIDS

几乎穿得跟妈妈一样，这件针织外套是男孩风的单品，要走简约风时，可以找找男孩的衣服，或许会有意外的收获。

衬衫、开襟外套、白色牛仔裤/ GAP
休闲鞋/ CONVERSE
袜子/ 无印良品

MIX

开襟外套重复穿搭

简单穿上针织衫与牛仔裤，也能时尚有型！这件外套长度不会太长，不仅可作为大衣的内搭穿着，陪孩子去公园玩时，一会儿站一会儿坐，也不怕弄脏衣襟。

针织衫/ UNIQLO
牛仔裤/ BLACK BY MOUSSY
皮包/ GOYARD
休闲鞋/ CONVERSE
皮带/ TOMORROWLAND

走中性风的穿搭，重点要露出手腕和脚踝

虽然配色及单品都是男孩风，但只要卷起袖口与裤管，露出手腕及脚踝，也能展现女性迷人魅力。披在肩上的针织衫，粗针织感与编织图案率性可爱，适度的宽松感实用舒适。

衬衫、针织衫/ HAPTIC
牛仔裤/ BLACK BY MOUSSY 皮包/ GOYARD
休闲鞋/ CONVERSE 皮带/ Demi-Luxe BEAMS

亲子穿搭
WITH KIDS

完全一样的母女装，正面扎进裤子，再将针织衫披在肩上，修饰胖胖的肚子。

牛仔衬衫、披在肩上的开襟外套/ GAP
牛仔衬衫/ pyupyu
休闲鞋/ CONVERSE

MIX
穿上针织衫

天气变凉了的话，可将披在肩上的针织衫，外搭在衬衫上。条纹款衬衫，为深蓝的单色调穿搭增添亮点，配件创造优雅魅力。

有跟船鞋/ AmiAmi

横条纹上衣内搭衬衫，变身时尚风格

横条纹上衣选适度宽松的款式，就能拿来多层次穿搭，十分方便。再搭条披巾，更显时尚典雅。穿粉橘色裤子，可跟褐色用相同技巧来配上衣。对我来说，挑战彩色单品，下装比上衣容易得多。

衬衫/ UNIQLO
横条纹针织T恤/ 无印良品
皮包/ YSL圣罗兰 有跟船鞋/ AmiAmi

MIX
上衣重复穿搭

烫线长裤配懒人鞋的俊俏混搭风，黑色的小牛皮材质，让平底鞋具有高雅质感。

裤子/ UNIQLO
懒人鞋/ DISCOPANGPANG

OFF
脱下横条纹上衣

脱下横条纹上衣后，显得更时尚利落。褐、粉红、白形成浅色调的温柔氛围，以皮包与有跟船鞋，加强正式感。

内搭坦克背心/ LE JOUR
有跟船鞋/ AmiAmi

以红色高跟鞋为中心的淑女穿搭

因为不想打安全牌，所以裤袜我较常选黑色以外的颜色。但因为想让红鞋成为焦点，所以这次反而刻意选择黑色的。从裙子到裤袜以黑色一气呵成，追求简约的利落感，上衣不选黑或白，挑选中间色的灰色，缓和色彩的强烈感。

针织衫/ 无印良品
裙子/ GU
皮包/ YSL圣罗兰
有跟船鞋/ AmiAmi
披巾/ HAPTIC
裤袜/ 福助

以衬衫和喜欢的配色，实现成熟味的简约休闲风

以清爽的蓝色衬衫为基调，我很喜欢这样的穿搭配色。我很难得穿短裙，可以搭配裤袜才穿。虽然天气还很热，但想抢先换穿秋装时，可以选择有秋季元素的裙子。

衬衫、裙子、托特包/ 无印良品
针织衫/ titivate　休闲鞋/ CONVERSE
皮带/ AMBOISE　袜子/ 靴下屋

ON
穿上针织衫

天气微凉的时候，可穿披在肩上的针织衫，变成多层次穿搭。从率性休闲的粗针织衫下，露出时尚风衬衫，我很喜欢这样的平衡感。

短靴/ Odette e Odile

亲子穿搭
WITH KIDS

蓝色衬衫搭配白色披肩针织，和妈妈穿得一样。这件短裙可两面穿，蓬蓬的很讨人喜爱。

衬衫、披在肩上的针织衫/ GAP
裙子/ pyupyu
休闲鞋/ new balance
裤袜/ 无印良品

成熟稳重的格纹围巾，搭配实用的高领针织衫

我觉得高领容易显得脸大，所以一直不太会穿。但我很喜欢无印良品的“可水洗高领针织衫”，其适度宽松的剪裁和宽版罗纹效果，让针织衫不会太过平淡，再配上不会显得孩子气的围巾，时尚又耐看。

针织衫/ 无印良品 裤子/ UNIQLO
内搭的针织T恤/ pyupyu 皮包/ YSL圣罗兰
鞋子/ DISCOPANGPANG 围巾/ reca

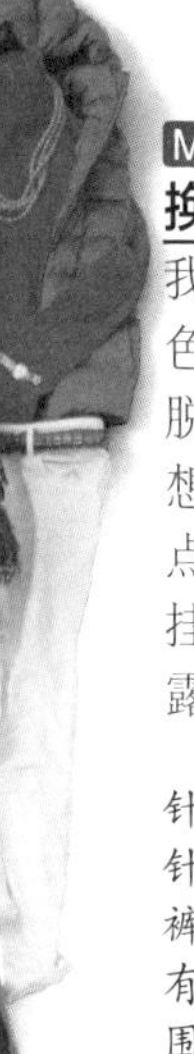

MIX

换穿不同色的针织衫

我用暗沉的蓝色搭配红色格纹围巾，采取跳脱制式的搭法，想看起来可爱一点，所以将围巾挂在包包上，稍微露出来一点。

针织背心/ UNIQLO
针织衫/ 无印良品
裤子/ TEANY
有跟船鞋/ AmiAmi
围巾/ JUNGLEJUNGLE
皮带/ Demi-Luxe BEAMS

MIX

换穿裙子

将白色牛仔裤换成有秋天色彩感觉的裙子。有深度的焦糖咖啡色与格纹围巾，打造出适合秋天的流行穿搭。

羽绒背心/ UNIQLO
针织衫、裙子/ 无印良品
鞋子/ mellow yellow
围巾/ JUNGLEJUNGLE
裤袜/ 靴下屋

正因为是休闲风，所以连鞋子都不能随便配

U领为领口带来惬意感，多层次穿搭也不显臃肿，且不会太过休闲。蟒蛇纹的懒人鞋，可跟灰色使用相同技巧来搭配，给人提升了时尚品味的印象。选择厚底款（这双约3cm），自然身形比例就会变好！

羽绒背心、上衣、裙子/ UNIQLO
连帽外套/ HAPTIC
托特包/ 无印良品
懒人鞋/ DISCOPANGPANG

MIX

羽绒背心×铅笔裙穿搭

这件横条纹裙子是黑色与草绿色的，颜色不会太过强烈，所以很好搭！不会显得很休闲，穿起来时尚利落。

牛仔衬衫/ HAPTIC
裙子/ UNIQLO
皮包/ YSL圣罗兰

亲子穿搭
WITH KIDS

找了很久才买到这件条纹裙！马上搭配蓝色衬衫、羽绒背心，穿着母女装开心出门去！

衬衫/ GAP
羽绒背心/ bebe
裙子/ GLOBAL WORK
后背包/ 无印良品
休闲鞋/ CONVERSE
裤袜/ 无印良品

MIX

上衣换穿针织衫

气温变化大的秋天，我会将常穿的衬衫或针织衫绑在腰上或披在肩上。配色选择成熟稳重的格纹衬衫，搭配休闲鞋也不会显得幼稚。

针织衫/ UNIQLO
休闲鞋/ CONVERSE

亲子穿搭 WITH KIDS

女儿也穿跟妈妈同款的格纹衬衫。刚好合身的尺寸也不错，穿出孩子的天真可爱！

格纹衬衫/ 无印良品
白色牛仔裤/ GAP
后背包/ FJALLRAVEN
休闲鞋/ CONVERSE

基本款格纹衬衫，挑选深色系

法兰绒衬衫建议选择深色系，虽然第一眼印象像是大叔穿的朴素衬衫，但穿起来却很有味道。衬衫袖口采用双钮扣设计，让袖口卷起来后，可维持美丽的形状，材质温暖舒适，穿着感极佳。重点色选择平价才敢买的亮蓝色款的船鞋。

衬衫/ 无印良品
有跟船鞋/ AmiAmi
皮包/ YSL圣罗兰
裤子/ TEANY
皮带/ Demi- Luxe BEAMS

大红色男士针织衫，适度的宽松剪裁很赞

这件S号的男装具有绝妙的舒适剪裁，穿起来很可爱，是非常热门的单品。红色的显色度很美，和带点红色的褐色工作裤很搭。另外，这件裤子的颜色跟焦糖色也很合，高弹性、舒适自在，美腿效果一级棒。

针织衫、裤子/ UNIQLO
皮包/ Cartier
有跟船鞋/ AmiAmi
皮带/ TOMORROWLAND

MIX

针织衫重复穿搭

红色跟灰色的组合，我也非常喜欢！穿上有烫线的裤子，打造具有正式感的穿搭。丝绸球项链的色调，也要搭配裤子。

裤子/ UNIQLO
皮包/ YSL圣罗兰
有跟船鞋/ AmiAmi

每件单品的颜色，都跟妈妈一样。肩膀有可爱荷叶设计的上衣，是韩版童装。裤子特意选择男孩风的款式来搭配。

针织T恤/ Bee
裤子/ UNIQLO
后背包/ FJALLRAVEN
休闲鞋/ new balance
袜子/ 西松屋

裤款选择有秋季元素的图案单品比较容易上手

夏天较常穿亮色系的裤子，秋天要选择这种颜色有深度的格纹裤，一下就能有换季的感觉，穿起来好兴奋。为了怕看起来孩子气，搭配衬衫跟黑色针织衫等沉稳的单品。这件图案款很平价，让人较有勇气尝试。

衬衫/ 无印良品　针织衫、裤子/ UNIQLO
皮包/ YSL圣罗兰
鞋子/ DISCOPANGPANG　袜子/ 靴下屋

MIX
换穿不同色的格纹裤

不同色的UNIQLO格纹九分裤。上下身都是单件就有型的款式，所以刻意搭得很简约，配上袜子，时尚可爱。

针织衫/ 无印良品
裤子/ UNIQLO

MIX
上衣重复穿搭

下半身换穿休闲裤，白色衬衫带有纯净感，所以整体不会显得邋塌。搭配焦糖色皮包，提升高级时尚感。

裤子/ UNIQLO
皮包/ Cartier
有跟船鞋/ AmiAmi

买齐各色羽绒背心，让裙子变身休闲风

很爱衬衫配羽绒背心的混搭感！我喜欢这种适度窄版的羽绒背心，把各色都买回家了，它们温暖舒适又很百搭。可爱俏丽的荷叶裙，搭配衬衫也能变得成熟时尚。

羽绒背心/ UNIQLO　衬衫、裤袜/ 无印良品
裙子/ Theory　皮包/ YSL圣罗兰

懒人鞋/ DISCOPANGPANG

亲子穿搭 WITH KIDS

全身都跟妈妈穿得一样。柔软的双层棉纱衬衫，呵护孩子的娇嫩肌肤。

衬衫/ GAP
羽绒背心/ bebe
裙子/ pyupyu
后背包、裤袜/ 无印良品
休闲鞋/ CONVERSE

MIX

羽绒背心、衬衫重复穿搭

跟女儿一起逛公园时的穿着。即使是标准的休闲风单品，搭配衬衫与铅笔裙，也能穿出高雅时尚。

条纹针织T恤、裙子/ UNIQLO
托特包/ 无印良品
休闲鞋/ CONVERSE
袜子/ 靴下屋

字母单品要选极致简约的款式

休闲风必备的字母T恤，为了怕看起来幼稚，挑选时要特别小心。字母我喜欢白、黑、灰色，这件底色是深蓝，所以选白色字较清爽。跟时尚风单品的易搭性，也是特色之一。搭配烫线长裤，追求高雅的混搭风格。

上衣/ green label relaxing　裤子/ UNIQLO
皮包/YSL圣罗兰　休闲鞋/CONVERSE

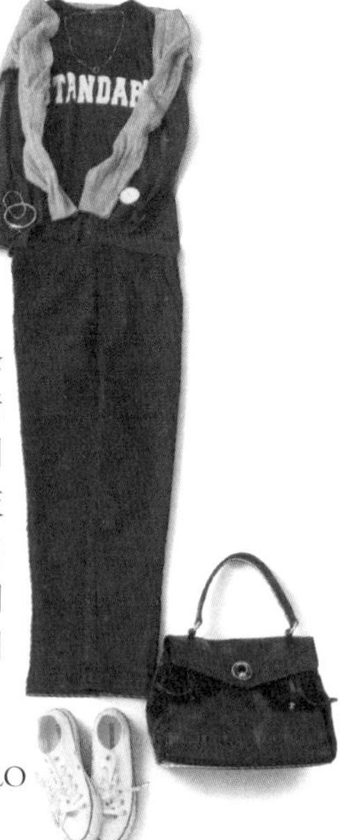

MIX

上衣重复穿搭

配合宽版的黑色条纹裤，全身选择暗色系，穿出简单利落感。将较亮的灰色针织衫披在肩上，以字母与休闲鞋的白色，增添明亮的感觉。

披在肩上的针织衫/ UNIQLO
裤子/ GU

亲子穿搭
WITH KIDS

字母T恤、下装及休闲鞋，和妈妈穿得一样。童装很难找到简约款的字母T恤，找很久才在GAP的男童装中找到！

针织T恤/ GAP
裙子、内搭裤/ 无印良品
休闲鞋/ CONVERSE
针织帽/ GLOBAL WORK

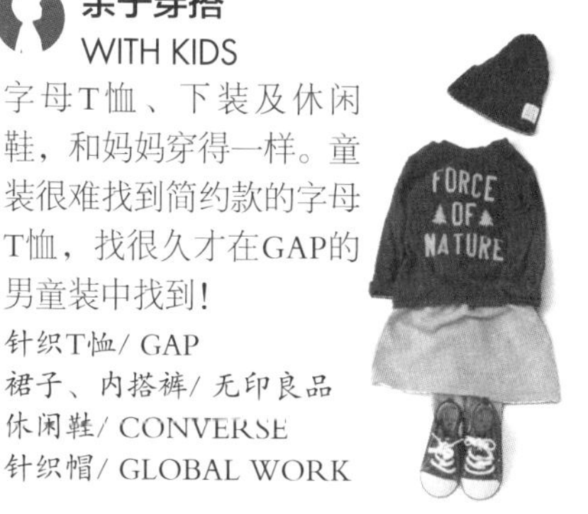

最爱的异材质混搭风，裤装让穿搭时尚有型

我穿这件喜欢的针织斗篷时，一定搭配棉衬衫，我非常喜爱这个组合。加上一件斗篷，连细条纹裤配衬衫这样上班族的穿着，都能巧妙地增添休闲感。

衬衫/ 无印良品
裤子/ MYU
皮包/ YSL圣罗兰
有跟船鞋/ AmiAmi

MIX
上衣重复穿搭

如果穿腻了白衬衫配牛仔裤的简约穿着，可以加上斗篷试试。还可以搭配袜子，穿出现在的时尚潮流。

牛仔裤/ BLACK BY MOUSSY
手拿包/ GALLARDAGALANTE
有跟船鞋/ AmiAmi
袜子/ 靴下屋

MIX
裤子重复穿搭

偶尔尝试这样标准正式的时尚风穿搭，会让人感觉很新鲜。裤子选宽版剪裁，避免黑×黑的搭配变成古板的穿搭。

上衣/ UNIQLO
有跟船鞋/ AmiAmi

MIX
变身裙装

立刻给人柔美可爱的感觉，无印良品横条纹上衣的配色，是平价服饰店少见的黑×焦糖的成熟配色。物超所值的一款！

裙子/ Theory 裤袜/ 靴下屋

亲子穿搭
WITH KIDS

褐色、黑色、横条纹，这三个元素跟妈妈相同。女儿穿的是横条纹连衣裙，自然又可爱。

夹克/ pyupyu
连衣裙/ 无印良品
裤子/ UNIQLO
后背包/ FJALLRAVEN
休闲鞋/ CONVERSE
袜子/ 靴下屋

搭配其他褐色单品，将皮衣穿得高雅时尚

利用裤子及有跟船鞋的颜色，缓和皮衣外套的帅气度，追求成熟风带点可爱感。条纹T恤的配色，也要配合褐色调。皮衣外套选择无领款，可展现女性迷人魅力，时尚又好搭。

皮衣外套/ ANAYI
裤子/ UNIQLO
有跟船鞋/ AmiAmi
皮带/ Demi-Luxe BEAMS
上衣/ 无印良品
皮包/ GOYARD

白色针织衫，我喜欢百搭的米白色

这件是折扣时买的V领米白色针织衫，不只轻薄舒适，领口的形状也很美。不会太紧身或太肥大，宽松感与长度都恰到好处，所以穿起来十分显瘦。以军绿色为底色的格纹衬衫，跟单色调的衬衫不同，散发法兰绒独特的浓浓暖意。

针织衫/ BANANA REPUBLIC　绑在腰上的衬衫/ MYU
牛仔裤/ BLACK BY MOUSSY　皮包/ GIVENCHY
有跟船鞋/ AmiAmi

MIX
穿上衬衫

将绑在腰上的衬衫穿上，变多层次穿搭。上下衣着都走男孩风，露出肩颈、手腕、脚踝，再配上首饰及有跟船鞋，为穿搭增添柔美魅力。

皮带/ TOMORROWLAND

MIX
牛仔裤重复穿搭

单品都走休闲风，配色却很成熟稳重，这样的穿搭最为理想。在天气还很炎热的初秋，选择轻薄的秋季色彩上衣，抢先穿出季节感。

上衣、披在肩上的针织衫/ UNIQLO
白色坦克背心/ 无印良品
皮包/ YSL圣罗兰
懒人鞋/ DISCOPANGPANG

项链让高领针织衫显得华丽无比

以两件非常有存在感的单品，轻松穿出简约时尚。今天衣服不是多层次的，所以将丝绸球项链重叠五圈，增加分量感。丝绸材质即使带孩子也能安心配戴，这也是我喜欢这条项链的原因之一。灰褐色很容易搭配，这天鞋子也选相同颜色来搭配。

针织衫/ 无印良品 裤子/ MYU
皮包/ GALLARDAGALANTE 有跟船鞋/ AmiAmi

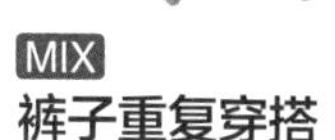

MIX

裤子重复穿搭

上衣的高领针织衫，同样选择无印良品的。给人强烈印象的金色项链，配戴时不要接触到肌肤，戴在高领针织衫等服饰上面的话，就能显得高雅时尚。

针织衫/ 无印良品
皮包/ YSL圣罗兰

亲子穿搭 WITH KIDS

图案裤和绿色元素，跟妈妈穿得一样。从绿色上衣下襟微露出内搭白色针织T恤的技巧，就连童装也可以使用。

绿色针织T恤/ Bee
白色针织T恤、袜子/ 无印良品
裤子/ UNIQLO
休闲鞋/ CONVERSE
针织帽/ GLOBAL WORK

Column ③

解答大家常问的穿搭问题

Noriko请告诉我们!

“我有很多衣服，但却不会搭……”

很多人问我这个问题，就连有许多很棒衣服的客户，也同样为了穿搭在烦恼……我观察了有这些烦恼的人的衣橱后，发现他们有 4 大共通点：

①有一堆设计感强烈（单看时觉得很可爱）的单品。

②没有灰色、褐色等衔接色的单品。

③不知为何，衣服的尺寸都刚刚好！

④有很多衣服，但却不太重视鞋子、皮包、首饰等！

下面分别就各项症状，提供我觉得“这样做可能较好”的建议。

①请买“简单款式的衣服”

你有没有这样的情形呢？就算买的是素色款，是不是在备齐基本剪裁款的上衣前，就先买了一堆落肩袖、剪裁非常有特色的衣服呢？或是内里不搭一件，就没法穿的深V针织衫等的款式。如果都是这样的衣服，衣服穿法就容易变得制式化，这或许就是你无法活用穿搭的原因之一。在本书中我也曾谈到，越是单调（简约基本）的衣服，搭配性越高，可作为多层次穿搭及配件使用，能变化出非常多种的穿法。首先，我建议各位要购买不易被流行左右、简约基本的单品。

例如，可以这样搭配！

·不要选“附宝石的上衣”，可用简约款上衣搭配宝石项链。

·不要选“衣襟有细褶的套头上衣”，可以在简约款套头上衣里，内搭有细褶的坦克背心。

如此，各项单品就能搭配不同风格。

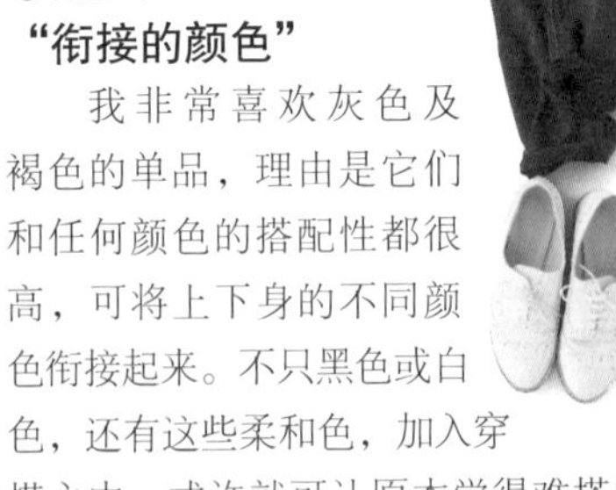

②请加入“衔接的颜色”

我非常喜欢灰色及褐色的单品，理由是它们和任何颜色的搭配性都很高，可将上下身的不同颜色衔接起来。不只黑色或白色，还有这些柔和色，加入穿搭之中，或许就可让原本觉得难搭的单品变得好搭。此外，在黑、白的穿搭中，夹杂褐色等做出渐层，以这个方向思考整体穿搭的配色，也是创造时尚有型穿搭的方法之一。

③挑选“大一号”的尺寸

我认为购买上衣时，与其选择刚刚好的尺寸，不如挑选大一号的，这样才可以多层次穿搭。尺寸刚刚好的衣服，很难穿出宽松感；但剪裁宽松的衣服，却可借由扎进裤子、露出手腕和脚踝，而显得修长利落。

---

④备齐“饰品的基本组合”

为什么有的人只是随便穿着简约款的衣服，看起来却那么时尚？这种人通常很擅长运用配件。基本上，我是那种喜欢的东西会天天使用的那种人。但就算如此，只要衣服不一样，配起来的感觉也就不同，只要是简约的款式，就永远不会腻。首先，建议大家要先准备像下面这样的“个人基本组合”。

- 项链：有单颗小宝石的细链。
- 耳环（夹式）：圆圈或珍珠耳环。
- 手链：皮环手链跟细链很合，双重混搭，带来自然的时尚感。

此外，还有鞋子、包包等，这些都是足以左右穿搭成败的重要单品。我尤其喜欢选择易搭配的简约款。用外表可爱度来选的话，一不小心就会落入难以搭配的陷阱里。包包可依褐色（灰褐色更好搭）、黑色、米白色的顺序购买；鞋子准备好褐色有跟船鞋、灰色有跟船鞋、黑色牛津鞋及白色单鞋等，就很容易搭配。这时，让包包和鞋子的颜色搭在一起也是穿搭的重点之一。

Noriko请告诉我们！

不晓得怎样才能穿出休闲混搭风

其实这才是最多人问的问题。我的读者群主要年龄层介于30～49岁，休闲风是这几年才开始流行的，突然开始学穿休闲风，会有“这是家居服吧”“看起来好像太年轻了”这样的疑惑，因为不知界线在哪里而伤脑筋的人很多。觉得休闲风看起来像家居服的人，我想是因为上衣与下装都选择休闲单品的缘故。例如：横条纹T恤×牛仔裤×休闲鞋，彻底的休闲风也很棒，可是这样一来，可能要配戴首饰，或露出手腕和脚踝等纤细的部位，让某处具有“女性元素”才行。在此介绍我个人的高雅休闲风的搭配法，就是先将单品分成休闲风单品和高雅风单品，再将它们混搭起来。我将其中一例整理如下：

休闲风单品

条纹T恤、牛仔衬衫、连帽外套、休闲鞋、袜子、牛仔裤、字母T恤、圆领T恤、罗纹坦克背心等。

高雅风单品

铅笔裙、及膝荷叶裙、白色长裤、烫线长裤、简约针织衫、高跟鞋、衬衫（亚麻衬衫、牛仔衬衫及牛津衬衫偏休闲风）等。

例如，可以这样搭配！

休闲风单品

军装外套

＋

高雅风单品

白色长裤×有跟船鞋×针织首饰

Column ④

在网络商店选购的秘诀及网络商家的推荐

自从我当妈妈以后，不管是衣服还是日常用品，在网络上购买的机会越来越多。这是因为现在很难找到时间慢慢地上街购物。

在这部分中，我将跟大家介绍一些我的选购秘诀和推荐的商家。

挑选单品的秘诀

将检索结果，依评价意见数的多寡排列

首先，先利用“检索功能”输入想买的单品名称，将检索结果依评价意见数的多寡排列。当然满意度高低也很重要，但购买人数多会比较有安心感。我会从购买人数多的商品中去挑选满意度高的。评价意见多，就可以看到很多人的意见，当中甚至有人会上传商品实际的照片，十分具有参考价值！

除了商品评价外，对商家的评价意见也要参考

除了商品本身的信息以外，还必须看一下与商店相关的评价意见，了解包装、寄送速度及商家的服务态度等详细情形。

LOOK！博客的推荐商品

可能有人会说因为我现在也是逛博客的人，所以才这么说。话说一开始，我也是跟着某位时尚博主开始买衣服。大部分时尚博主都是每天上传自己的穿搭，如果自己喜欢的风格与博主爱用的东西一样，我想应该就很容易搭配。我现在也会跟其他同是博主的好友们交换优质商品信息。

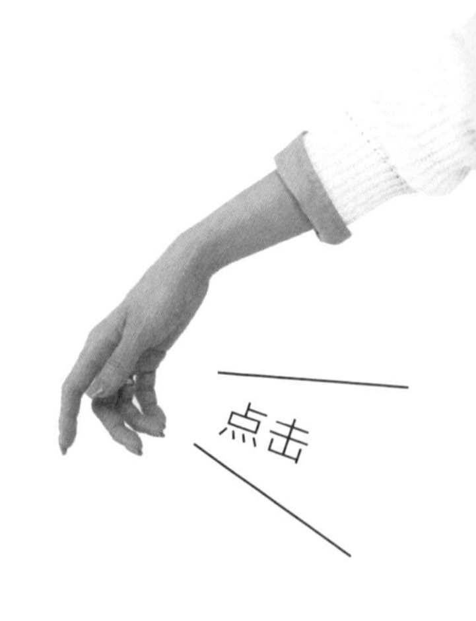

HAPTIC

可以找到适合30～40岁女性的商品。其中，莫代尔棉和丝绸披巾、丝绸球细链、纱罗衬衫这三样是我最喜欢的单品。美妙的柔和色系一应俱全，加入穿搭之中，就能穿出成熟感。最近，连童装商品也很齐全，将成人款直接缩小的休闲单品及衬衫等很多，喜欢穿亲子装的我，变得更喜欢这家店了！

pyupyu

除了原创商品外，还销售各种进口品牌商品。在这家店同样可以找到适合30～40岁女性的服饰与配件，我特别喜欢的是，他们原创品牌踝靴与给女儿穿的雪靴。

TEANY

这个品牌的白色紧身牛仔裤，说不定是这本书出现次数最多的单品。这家有很多基本简约又高雅大方的单品，一定能找得到你喜欢的！我推荐的有刚才介绍过的白色紧身牛仔裤，还有男装风牛仔裤、牛角扣外套。

JUNGLEJUNGLE

休闲裤及迷彩裙等原创商品，每一款都获得非常多好评！而且，进口商品款式齐全，是一家可以让人买得很安心的名店。我在这里买过CHAN LUU的项链及DAFNA的雨鞋。店的风格沉稳时尚，也让人非常喜爱。

网络商家推荐

DISCOPANGPANG

这家没有在乐天设店，是自己独立一个网站，但因为我非常想推荐给大家，所以算是番外篇。我的中性鞋（老爷鞋）与懒人鞋，几乎都是在这家买的。每次穿都一定会被赞美，物超所值的鞋款一应俱全！目前已经在东京的三轩茶屋开了实体店，听说连儿童款式都很齐全！

reca

这家店买得到“有女人味”“帅气”的平价休闲风单品。简约大方、实用百搭的商品应有尽有！我喜欢的是字母T恤、大尺寸的格纹披巾及罗纹针织衫等。

AmiAmi

AmiAmi以能跑步的7cm高跟鞋而闻名！真的非常好穿又物超所值，我都不知道已经买过几双了……值得推荐到我甚至可以说：“想买有跟船鞋的话，绝对要在这家买！”

冬季

让暗色系不死板的配色法

冬天的风衣穿搭，利用多层次提升保暖度

以多层次穿搭针织衫与牛仔外套搭配，再简单披上围巾，就是冬季的温暖风衣穿搭！我常用牛仔外套来做为大衣内搭穿着，会给易显沉重的冬装穿搭带来新鲜感，连接白色形成 I 字型也是搭配的重点之一。

外套/ BLACK BY MOUSSY
针织衫/ UNIQLO
皮包/ YSL圣罗兰
牛仔外套/ URBAN RESEARCH
裤子/ TEANY
休闲鞋/ CONVERSE

MIX

风衣重复穿搭 1

防寒对策第二招，外加针织斗篷。合身感恰到好处，穿起来暖和舒适。也可将斗篷往上集中在颈部，当作围脖使用。

牛仔裤/ BLACK BY MOUSSY
衬衫/ 无印良品 针织衫/ UNIQLO
斗篷/ HAPTIC
皮包/ GOYARD
短靴/ Odette e Odile

MIX

风衣重复穿搭2

搭配牛仔裤，改变风衣与格纹围巾的印象。大衣要系腰带时，正面钮扣可不扣上；不系腰带时，则将腰带收入口袋中，增加清爽利落感。露出内搭衬衫的袖口，也是技巧之一。

皮包/ GIVENCHY
围巾/ JUNGLEJUNGLE
有跟船鞋/ AmiAmi

休闲×优雅×摇滚的混搭风穿搭

可爱的白色荷叶裙，配上休闲的连帽外套、帅气有型的皮衣夹克，创造出柔美帅气的混搭风。该“圆裙”采用化学纤维，所以不易起皱，及膝荷叶剪裁也很美，是一件物超所值的单品！

皮衣外套/ ANAYI　连帽外套/ 无印良品
横条纹上衣/ UNIQLO　裙子/ GU　皮包/ GALLARDAGALANTE
懒人鞋/ DISCOPANGPANG　裤袜/ 靴下屋

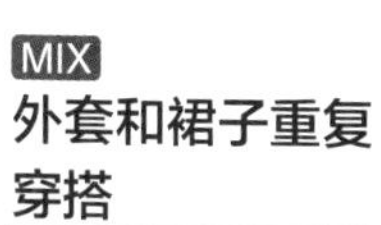

MIX

外套和裙子重复穿搭

将上衣换成高领针织衫，再加上羽绒背心。运用冬天也很实用的皮衣外套，实现时尚保暖穿搭。

羽绒背心/ UNIQLO
针织衫/ 无印良品
有跟船鞋/ AmiAmi
裤袜/ 靴下屋

亲子穿搭 WITH KIDS

白+横条纹的部分，和妈妈是母女装。中间搭件毛绒背心，多层次穿搭，温暖舒适。无袖的背心选择大尺寸，可穿久一点较划算。

夹克、靴子/ pyupyu
背心/ GAP
横条纹针织T恤、裤袜/ 无印良品
裙子/ GLOBAL WORK

黑×白的强烈对比，以褐色温柔衔接

本来想从高领领口露出内搭衬衫，却因为颈部不够长只好作罢……若是中高领针织衫，就可达到想要的有型感。秋天时，内搭一件衬衫即可的针织斗篷，跟HEATTECH（发热衣）材质的针织衫多层次穿搭，更加温暖舒适。白×黑如此鲜明的配色，以温和的配件来缓和对比感。

斗篷/ HAPTIC
衬衫/ 无印良品
皮包/ GIVENCHY
针织衫/ UNIQLO
裤子/ Spick and Span
有跟船鞋/ AmiAmi

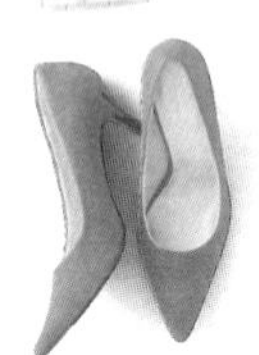

MIX

换搭其他裤子

换穿烫线设计的灰色长裤，因为感觉太过正式，所以搭配休闲鞋颠覆印象。

裤子/ UNIQLO
皮包/ YSL圣罗兰
休闲鞋/ CONVERSE

亲子穿搭 WITH KIDS

几乎跟妈妈完全一样。因为不用拆下婴儿背带，就可以直接穿脱，所以我从女儿还是婴儿时，就喜欢给她穿披风。

披风外套/ GAP
衬衫、袜子/ 无印良品
针织T恤/ UNIQLO
裤子/ Bee
后背包/ FJALLRAVEN
休闲鞋/ CONVERSE

让格纹衬衫发挥特色

褐×白×黑——我超爱的配色。
不用重点色，而以格纹创造亮点。
白色与其他颜色组合而成的格纹衬衫，
搭配具有正式感的大衣，就能穿出稳重感。

大衣/ ANAYI　衬衫/ UNIQLO
裤子/ TEANY　皮包/ YSL 圣罗兰
靴子/ pyupyu

MIX
大衣重复穿搭

咖啡色×褐色的美丽渐层穿搭，微露出内搭的白色针织T恤，创造时尚亮点。为了避免看起来老气，项链选择华丽的款式。

针织衫/无印良品
针织T恤/pyupyu
裤子/UNIQLO
皮包/GIVENCHY
有跟船鞋/AmiAmi

亲子穿搭
WITH KIDS

白底格纹×褐色的部分，跟妈妈配成母女装。无领大衣的设计，像极了大人女装，所以我很爱这件。

大衣/GAP　上衣/无印良品
裤子/ UNIQLO
后背包/FJALLRAVEN
靴子/pyupyu

桃红色是适合成人穿着的明亮色

艳丽鲜明的桃红色针织衫，乍一看像是很难搭的单品，但成熟女性可借由搭配基本色，穿出自然的时尚感。多层次外搭羽绒背心，减少桃红色的露出面积，会让人比较敢穿。

羽绒背心、针织衫/ UNIQLO
裙子/ Theory
懒人鞋/ DISCOPANGPANG
衬衫/ 无印良品
皮包/ YSL圣罗兰
裤袜/ 靴下屋

亲子穿搭 WITH KIDS

所有颜色都跟妈妈成对。粉红色上衣以约30元购得！这件女儿也很爱。

羽绒背心/ bebe
衬衫、后背包、裤袜/ 无印良品
上衣/ UNIQLO
裙子/ pyupyu
休闲鞋/ CONVERSE

MIX

羽绒背心重复穿搭

羽绒背心没有袖子，让人在玩多层次穿搭时，不用担心显胖。以裙子和配件来降低休闲感，达到穿搭的完美平衡。

牛仔外套/ URBAN RESEARCH
针织衫、裙子/ UNIQLO
有跟船鞋/ AmiAmi

牛仔衬衫和白色长裤，从早冬至寒冬重复穿搭

入冬时可轻松外搭斗篷，不仅可穿出成熟味的可爱风，也很时尚有型。在还不需要厚重衣物时，抢先穿上雪地靴，喜欢它毛茸茸的可爱感，特别引人注目。

斗篷、牛仔衬衫/ HAPTIC
裤子/ TEANY
皮带/ Demi-Luxe BEAMS
皮包/ GALLARDAGALANTE
靴子/ UGG

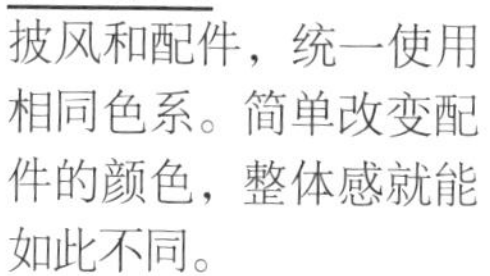

MIX
披上披风

披风和配件，统一使用相同色系。简单改变配件的颜色，整体感就能如此不同。

披风/ allureville
皮包/ GIVENCHY
短靴/ Odette e Odile

MIX
穿上大衣

以蓝与黑的配色为主题，时尚中性风穿搭。

大衣/ 22 OCTOBRE
围巾/ TOMORROWLAND
皮包/ GIVENCHY
短靴/ Odette e Odile

多层次穿搭连帽外套，让穿搭更时尚多变

无领外套内搭衬衫×连帽外套，创造自然的时尚感。连帽外套采用双拉链设计，穿起来十分方便。修长窄版剪裁，内搭也不会臃肿。以细条纹长裤穿出成熟时尚，配上休闲鞋增添休闲感。

大衣/ IENA
连帽外套、衬衫/ HAPTIC
裤子/ GU
皮包/ YSL圣罗兰
休闲鞋/ CONVERSE

亲子穿搭 WITH KIDS

跟妈妈一样的衬衫和连帽外套多层次穿搭，女儿是外搭铺棉外套，颜色统一用同色系。

大衣/ HAPTIC
衬衫/ GAP
连帽外套、裤袜/ 无印良品
裙子/ pyupyu
休闲鞋/ CONVERSE

MIX

大衣重复穿搭

为了突显时尚外套，内搭横条纹上衣，展现清爽利落。利用驼色的皮包和鞋子、灰色的丝绸披巾等流行配件，让简约穿搭时尚有型。

横条纹上衣/ UNIQLO
裤子/ TEANY
披巾/ HAPTIC
皮包/ Cartier
鞋子/ DISCOPANGPANG

短版羽绒外套，冬季公园玩耍超实用

羽绒外套、牛仔裤及休闲鞋的率性穿搭，直接这样穿，就像是穿去公园的制服一样。但只要多层次穿搭白底格纹衬衫，再将衬衫稍微露出一点，就能打造成熟洗炼的休闲风格。搭配大分量的项链也是重点之一。

羽绒外套/ Spick and Span
牛仔裤/ BLACK BY MOUSSY
休闲鞋/ CONVERSE
衬衫、针织衫/ UNIQLO
皮包/ YSL圣罗兰

亲子穿搭
WITH KIDS

白底格纹衬衫是这次母女装的主角。刻意选大一点的尺寸，不仅可以穿很久，还能从外套衣襟下微露，非常俏丽可爱。

羽绒外套、裙子/ GAP
衬衫/ UNIQLO
针织T恤、后背包、裤袜/ 无印良品
休闲鞋/ CONVERSE

MIX

羽绒外套重复穿搭

运用外套的色调，整体走粉色系的可爱穿搭。和孩子在外玩时常需要蹲下，短版的羽绒外套，是不可或缺的必要单品！

针织衫/ UNIQLO
裤子/ ZARA
皮包/ YSL圣罗兰
短靴/ pyupyu

大发现！平价也能买到轻盈又温暖的针织外套

我以前觉得平价外套，看起来就是廉价，所以都敬而远之。但这件不到600元的牛角扣大衣，外型与穿着感绝佳，看不出那么便宜！这天搭配休闲鞋和的白色牛仔裤，所以可跟孩子尽情玩耍。我喜欢这套的成熟配色。

大衣、裤子/ TEANY　羽绒背心/ UNIQLO
针织衫/ BANANA REPUBLIC　皮包/ GOYARD
休闲鞋/ CONVERSE

亲子穿搭 WITH KIDS

上下都选白色，再搭配羽绒背心与大衣，形成多层次穿搭风格，不论颜色或单品，都跟妈妈相同。

大衣/ HAPTIC
羽绒背心/ bebe
针织T恤、袜子/ 无印良品
裤子/ GAP
休闲鞋/ CONVERSE

MIX

牛角扣大衣的其他穿搭

为避免这件不同色的牛角扣大衣显得幼稚，选择灰色的刷白牛仔裤，增添帅气的冲突感。烟熏粉红色的针织衫，让穿搭变成浅色调，以黑色配件来补强正式感。

大衣/ TEANY
针织衫/ 23区
内搭针织T恤/ pyupyu

平价却时尚有型，休闲去公园玩也可以

内里毛绒的铺棉外套，价格不到600元！跟女儿在户外玩时常穿这件。运用暗色系配件，衬托褐×灰×白的温柔配色，以丝绸球项链自然地带进军绿重点色，让穿搭整体高雅大方。

大衣、项链/ HAPTIC
针织衫/ 无印良品
裤子/ TEANY
皮包/ GOYARD
靴子/ pyupyu

亲子穿搭 WITH KIDS

一起穿铺棉大衣母女装。多层次穿搭军绿和灰色的字母T恤，创造自然的时尚感。军绿色的字母T恤，颜色和妈妈的项链一样。

大衣/ HAPTIC
上衣、内搭上衣/Bee
裤子/ GAP
皮包/ FJALL RAVEN
靴子/ DISCOPANGPANG

MIX

大衣重复穿搭

改变大衣的内搭，就能让穿搭感大不相同。为了避免整体过暗，利用白衬衫提升明亮度。内增高设计的靴子，其实也是平价品牌。

衬衫/ 无印良品
针织衫/ UNIQLO
裤子/ BLACK BY MOUSSY

轻松自在的连衣裙，把帅气皮衣变柔和

皮衣常给人豪迈的印象，可搭配休闲连衣裙，穿出温柔的感觉。这件七分长的连衣裙，合身简约时尚。选用跟皮衣同色系的围巾，避免休闲感过重。

大衣、裤子/ TEANY
针织衫/ BANANA REPUBLIC
休闲鞋/ CONVERSE
羽绒背心/ UNIQLO
皮包/ GOYARD

MIX
连衣裙重复穿搭

换穿黑色皮衣。时尚的黑×灰配色造型，改搭绿色格纹围巾，增添经典的可爱感。

皮衣外套/ ANAYI
围巾/ BOSCH
有跟船鞋/ AmiAmi
裤袜/ 靴下屋

亲子穿搭 WITH KIDS

女儿的部分，利用大衣将格纹带入穿搭中。小孩可以把格纹外套穿得可爱又有型。

大衣/ HAPTIC
开襟外套/ GAP
连衣裙/ Bee
靴子/ pyupyu
裤袜/ 无印良品

难得全身穿暗色系，以饰品营造惬意感

深蓝的单排扣大衣，内搭上下都选黑色，对我来说是难得的全深色穿搭。以大项链创造时尚亮点。短靴是平价品牌，高跟却非常好走！非侧边拉链式的设计，单手就能轻松脱鞋，也是非常适合妈妈的单品。

大衣/ green label relaxing　针织衫/ UNIQLO
裤子/ GU
披巾/ TOMORROWLAND
皮包/ YSL圣罗兰
短靴/ pyupyu

MIX

大衣重复穿搭

搭配蓝色衬衫，给人清爽、中性的俊俏印象。以白色紧身裤及细链首饰，增添时尚女人味。

衬衫、皮包/无印良品
针织衫/ UNIQLO
皮包/ TEANT
鞋子/ DISCOPANGPANG
披巾/ TOMORROWLAND
袜子/ 靴下屋

大衣和裤子重复穿搭

以横条纹T恤与连帽外套，增添些许休闲感。不过，细条纹宽裤配有跟船鞋这样的潇洒组合，也是非常成熟稳重的。

连帽外套/ HAPTIC
横条纹上衣/ UNIQLO
有跟船鞋/ AmiAmi

以时尚风羽绒大衣为主，发挥针织T恤特色的穿搭

略带绿色的灰色羽绒大衣简约时尚，高雅大方。多层次穿搭的白色和咖啡色的针织T恤，采用发热材质，温暖舒适，而且是具垂坠感的适度宽松设计，所以看起来不会像秋衣，是可内搭也可单穿的百搭款式。下半身则以黑色统一色调。

容易沉闷的冬季穿搭，加入浅色与白色

大衣的内搭选择粉彩色，可率先感受早春的气息。不会太亮的烟熏粉彩色，和灰色等颜色搭配度很高，所以我很爱穿。左页的白色针织T恤微露出来，上下装以同色系衔接，让白色成为时尚亮点。

左边

羽绒大衣/ Theory
白色针织T恤、咖啡色针织T恤/ pyupyu
牛仔裤/ UNIQLO
皮包/ CÉLINE
有跟船鞋/ AmiAmi
皮带/ TOMORROWLAND

右边

大衣、针织衫/ 22 OCTOBRE
内搭针织T恤/ pyupyu
牛仔裤/ BLACK BY MOUSSY
皮包/ CÉLINE
有跟船鞋/ AmiAmi

热卖的男装针织衫，挑选热情火辣的颜色

搭配单色调穿搭更显鲜明的红色麻花针织衫，我把五个颜色全都买齐了。只有红×黑的话，印象会有点强烈，所以试着增加灰色的面积。鞋子是妈妈必备的白色单鞋，走起来轻快自在。

大衣/ 22 OCTOBRE
针织衫、裤子/ UNIQLO
休闲鞋/ CONVERSE
羽绒背心/ GAP
皮包/ FENDI
袜子/ 靴下屋

MIX

大衣重复穿搭1

加入横条纹针织衫，是寒冷季节的固定搭法。冬季穿白色非常高雅！除了黑色外，还可搭灰色，创造温柔婉约的印象。

横条纹针织衫/ 无印良品
裤子/ TEANY
皮包/ YSL圣罗兰
有跟船鞋/ AmiAmi

MIX

大衣重复穿搭2

整体统一使用灰色、深蓝色等中性色调。因为想让颜色谐调，所以格纹衬衫也选用略微成熟一点的花色，斜斜地绑在腰上，带出自然的时尚感。

针织衫、衬衫/ 无印良品
牛仔裤/ BLACK BY MOUSSY
皮包/ YSL圣罗兰
有跟船鞋/ AmiAmi

温柔大方的白色×褐色，成熟干练的柔和配色穿搭

冬天总是容易穿暗色系，越是如此，就越想穿这样纯净配色的穿搭。白色×褐色的渐层穿搭，整体很高雅大方，所以看不出是平价服饰。白色长裤选不会透肤，线条美观的。

大衣/ MACPHEE　针织衫/ titivate
皮包/ TEANY　皮包/ GIVENCHY
踝靴/ Odette e Odile　披巾/ M-PREMIER

亲子穿搭 WITH KIDS

白色×褐色的柔和配色，跟妈妈是相同的。这件羽绒外套不只轻暖舒适，帽子内里还有时尚条纹，是冬天的爱用款。

羽绒外套、开襟外套、针织T恤、牛仔裤/ GAP
后背包/ FJALLRAVEN
靴子/ pyupyu

MIX

大衣重复穿搭

给人温柔印象的大衣，除了可运用它的特色，营造出柔美感外，还可跟如此中性的单品混搭，一样时髦有型。运用灰色及黑色，提升穿搭的帅气利落感。

羽绒背心、针织衫/ UNIQLO
裤子/ TEANY
皮包/ YSL圣罗兰
有跟船鞋/ AmiAmi

Column ⑤

一个月全身穿搭计划

从我手边现有的上下装中，精选出16件百搭的款式，重复穿搭一个月！

※鞋子、包款、披巾等配件不受此限。

针织衫

颜色备齐白色至褐色及白色至黑色的渐层色，就非常实用百搭。此外，材质、尺寸及领型样式等是越多元越好！

衬衫

用有领衬衫来搭配针织衫及羽绒外套等，在领口及袖口能创造不做作的时尚感，所以我经常运用衬衫提升穿搭档次。喜欢多层次穿搭的我，选择了三款材质不同的衬衫。牛仔衬衫选择有点刷白的靛蓝色衬衫。法兰绒衬衫为避免显得孩子气，选择深蓝色的款式。好搭又时尚的白衬衫更是必备款！

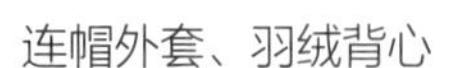

连帽外套、羽绒背心

这两种作为多层次穿搭单品，非常实用百搭!想选和什么颜色都好搭，而且一起穿就能变成有型的渐层穿搭的颜色，特意选择了灰色的深浅二色。跟衬衫及铅笔裙等典雅单品搭配，是我的固定搭法。

横条纹针织T恤

厚实的棉质横条纹上衣，可用来多层次穿搭、绑在腰上或披在肩上，是有各种用法的万能单品。选择白底经典条纹款的话，和任何颜色的搭配性都很高。我特别爱跟时尚风单品混搭在一起的搭法。

裙子、裤子

挑选了白、褐、灰及靛蓝这些基本色。秋冬上半身穿颜色深且厚重的衣物的机会较多，正因如此，明亮色调的下半身才更显实用。

START!

第1天

在白天外出很温暖，傍晚才要回家的日子，选择披肩单品很实用。高领针织衫多层次外搭在衬衫上，也很可爱有型。

重点色单品

加入搭配深沉颜色时更为醒目的重点色单品。我选择了和基本色单品的搭配性也高的桃红色毛衣及传统经典的红色格纹披巾。

鞋子

考虑皮包颜色的搭配性，我选择了这三双。除了四季都好搭的白色单鞋以外，还选了麂皮有跟船鞋及皮革踝靴。

包包

原则跟春夏一样，只要备齐了黑、褐、白三色基本色就不用担心。我刻意挑选了颜色和材质感都不同的三款。

第2天

这天和客户一同去购物。以褐色配件形成渐层，再配上白色牛仔裤，让休闲风的牛仔衬衫也能穿出成熟时尚感。

第3天

上班开会日。横条纹上衣配铅笔裙，穿起来高雅大方。这天挑战了和有跟船鞋同色系的彩色裤袜。

第7天

这天开讨论会。衬衫×褐色单品，打造时尚风的上班造型。选择卡其色工作裤，一整天都轻松自在。

第8天

褐色的渐层穿搭，为了避免显得老气，以休闲鞋和脸部周围的横条纹上衣披肩，来提升明亮感。

第9天

拉上连帽外套的拉链，当成上衣穿着，再配上褐色配件，变身成熟穿搭。

第4天

全白穿搭第2弹！天气变凉的话，可将绑腰单品穿上保暖，十分实用方便，选择粗针织衫或连帽外套都可以。

第5天

有点难搭的牛仔×牛仔造型，选择深浅不同的单品来挑战。将麻花针织衫披在肩上，为穿搭增添变化。

第6天

将开襟外套当作上衣穿，再加上披肩针织衫，形成渐层穿搭。鞋子也挑选褐色，让整体高雅无比。

第10天

这天跟女儿出远门，所以行李很多。利用帆布包和休闲鞋增添白色明亮感，实现清爽的妈妈打扮。

第11天

跟女儿两人散步去公园。黑色高领针织衫×牛仔裤的基本穿搭，因为简约，将配件衬托得更显眼。

Autumn/Winter

Days 12-21

第12天

当天往返的家族旅行日。看起来端庄的铅笔裙，其实非常舒适好穿，路程往返中不会有负担感。

第13天

去客户家提供穿搭建议。针织衫披肩造型搭配格纹衬衫，给人自然的时尚感。

第17天

家庭日！以褐色配件和横条纹T恤来为单色调穿搭增添变化。横条纹T恤绑在腰上，也很可爱。

第18天

这天走全灰色穿搭风，先做出渐层感，再以白色包包创造亮点。统一整体配色，穿出成熟时尚感。

第19天

横条纹T恤、羽绒背心、休闲鞋等休闲单品，运用白衬衫搭配白色牛仔裤，变成干练利落的风格。

第14天

衬衫×铅笔裙的时尚风穿搭，用羽绒背心增添不同元素，令全身不会过于简单，是恰到好处的时尚休闲风。

第15天

跟好友亲子档一同出游时必穿的舒适穿搭！用色泽美丽的桃红色针织衫，简单地搭配牛仔裤。

第16天

内搭牛仔衬衫的造型！穿横条纹上衣时，多层次穿搭会比单穿更具成熟感。搭配白衬衫或彩色衬衫也行！

第20天

全白穿搭配上褐色配件，是我非常喜爱的穿搭方法之一。要开会的日子，这样穿会让我更有精神赴会。

第21天

高领针织衫×衬衫的多层次穿搭，简单加入一件衬衫，就能给人成熟的印象，所以我很喜欢。

第22天

绑在腰上的衬衫是一大亮点。白色的长裤×休闲鞋造型，就算不穿高跟鞋，也能有长腿效果！利用首饰增添女人味。

第23天

褐×白的基本配色穿搭，搭配牛仔衬衫增添俊俏感。使用的鞋包单品和第2天相同。

第27天

这天是跟朋友亲子档一起去儿童馆→咖啡店→超市的固定行程。麻花针织衫搭配格纹围巾，简约又时尚。

第28天

挑战将桃红色针织衫披在肩上的搭法，简约风针织衫×羽绒背心，跳脱平常的搭法。

第29天

跟朋友亲子档一起去育儿服务中心。最爱的牛仔衬衫×连帽外套，以黑色配件增添帅气感。

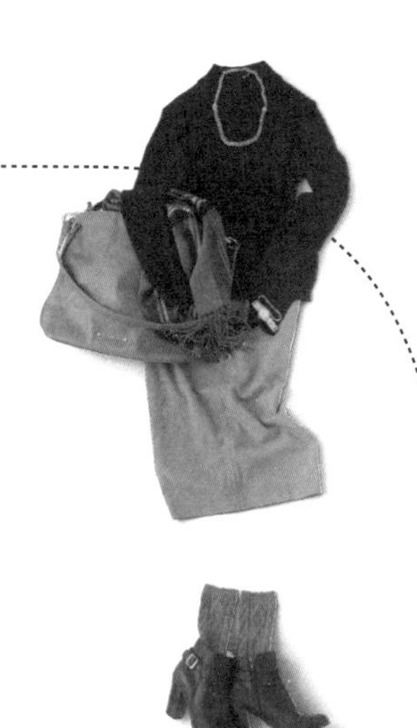

第24天

陪老客户去购物，搭配大红色的格纹围巾，她大概会觉得跟之前的印象不同吧！

第25天

跟同大楼的邻居亲子档一同在家前面的公园玩，裤子的颜色跟沙子一样，不管是溜滑梯还是荡秋千都可以一起玩啰！

第26天

陪很时髦的女性友人去购物，以袜子×短靴创造不会太刻意的时尚感，格纹围巾也是重点之一。

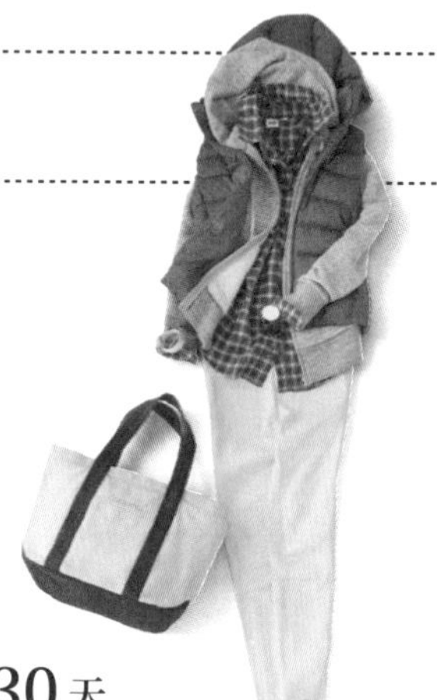

第30天

早冬的多层次风格，以羽绒背心实现温暖穿搭，让我可以依女儿的走路速度，慢慢走去车站。

第31天

跟女儿穿母女装一同外出，可跟美丽的桃红重点色搭配的，当然还是万能的灰色啰！